智能触控设备
中文手写交互设计研究

陈　喆◎著

北京航空航天大学出版社

内容简介

智能触控技术的发展使得手写输入方式多样化，例如触控笔输入、拇指输入、食指输入等。中文输入作为中文用户群体在人机交互中的关键环节，应用极其广泛。同时，手写绩效和用户评价已成为智能触控设备手写输入体验的重要评价指标。良好的手写输入体验可使手写输入技术应用于更多任务场景，惠及更多用户群体。为了提高现有智能触控设备中文手写体验，本书探讨了手指属性、中文特性以及界面设计因素对中文手写人机交互的影响，在此基础上建立了中文手写交互模型 FICIM，并提出了针对智能触控设备中文手写系统的交互设计建议。

本书适合关注移动产品中文交互设计、研究中文交互相关理论的学术界和业界专家，以及相关方向的研究生参考使用。

图书在版编目(CIP)数据

智能触控设备中文手写交互设计研究 / 陈喆著. -- 北京 ：北京航空航天大学出版社，2022.2

ISBN 978-7-5124-3518-6

Ⅰ. ①智… Ⅱ. ①陈… Ⅲ. ①智能终端—触摸屏—人机界面—系统设计 Ⅳ. ①TP334.1

中国版本图书馆 CIP 数据核字(2021)第 092303 号

智能触控设备中文手写交互设计研究

陈 喆◎著

策划编辑 冯 颖 责任编辑 冯 颖

*

北京航空航天大学出版社出版发行

北京市海淀区学院路 37 号(邮编 100191) http://www.buaapress.com.cn

发行部电话：(010)82317024 传真：(010)82328026

读者信箱：goodtextbook@126.com 邮购电话：(010)82316936

北京富资园科技发展有限公司印装 各地书店经销

*

开本：787×1 092 1/16 印张：10.5 字数：269 千字

2022 年 2 月第 1 版 2022 年 2 月第 1 次印刷

ISBN 978-7-5124-3518-6 定价：59.00 元

前　言

本书的主要内容源于作者在攻读博士学位期间针对选题“手指属性和中文特性对智能手持设备手写界面设计的影响”所做的研究工作，旨在报告研究的过程和结果。

本书面向对象包括关注移动产品特别是移动触控产品中文交互的业界专家、研究中文交互相关理论的学术研究者，以及致力于研究信息技术产品中文交互用户体验和交互设计的研究生。

本书共包括7章。

第1章为引言，介绍了研究的背景、目的、意义以及方法。

第2章为理论基础，阐述了中文手写输入的相关研究和现状，包括中文输入人机交互、手指属性、中文特性、界面设计因素四个方面，叙述了本书研究的理论基础。

第3章为研究架构，在前文的理论基础上提炼出本书的研究架构，建立中文手写人机交互研究模型，提出本书的研究问题和研究假设。

第4章为手指属性和中文特性影响实验，通过实验研究手指属性和中文特性对于中文手写的影响，进而建立中文手写的基本模型。

第5章为输入框大小设计实验，在中文手写基础交互模型的基础上，通过实验研究界面设计的重要因素之一——输入框大小对于中文手写的影响，同时考量输入框大小、输入方式、显示大小之间的交互效应，研究不同输入方式和显示大小下的最佳输入框大小，并进一步完善中文手写人机交互模型。

第6章为输入框位置设计实验，通过实验的方法研究界面设计的另一个重要因素——输入框位置对于中文手写的影响，同时考量输入框位置、输入方式、显示大小之间的交互效应，研究不同输入方式和显示大小下的最佳输入框位置，并建立中文手写完整人机交互模型。

第7章为结论与展望，总结了研究结论(包括中文手写人机交互模型和中文手写系统的可用性设计建议)、研究贡献、未来的研究方向。

本书在编写过程中得到了我的博士生导师饶培伦教授的指导，感谢饶老师的悉心培养。感谢皋琴老师带领我进入人因领域。感谢北京航空航天大学经济管理学院和清华大学工业工程系提供帮助的老师和同学。感谢实验室的兄弟姐妹，尤其是陈翠玲、陶玉鸣，他们在本书的文献资料整理和实验程序编写调试阶段给予了我非常大的帮助。感谢加州伯克利分校 PATH 研究所詹景尧老师的关爱。感谢我的家人，他们的鼓励是我坚持不懈的动力。

本书在研究和出版的过程中承蒙中国国家自然科学基金(批准号：71601011 和 71188001)、北京市社科基金 (批准号：16YYC040)、城市运行应急保障模拟技术北京市重点实验室的支持，特此感谢。

由于编者水平有限，书中若有不足之处，恳请专家和读者批评指正。

作　者

2021 年 10 月

目　　录

第1章　引　言

1.1　研究背景

如今,触控技术的发展让中文手写的输入方式更为丰富。在各种智能手持设备(如智能手机、掌上电脑、平板电脑等)上,用户不仅可以采用类似传统纸笔输入的触控笔输入,还能用手指直接进行中文输入。既可以采用双手操作输入姿势——左手手握设备,右手手指进行手写输入;也可以采用单手操作输入姿势——右手握住设备的同时,用右手拇指进行手写输入(惯用手为左手则反之)。相对于其他四指,拇指在尺寸、运动方向、活动范围、灵活能力、自由度等方面都具有特殊的优势,所以基于拇指的触控输入操作成为了触控研究领域和工业界的热点问题[1-5],在中文手写输入领域亦是如此。对于用户来说,由于手指的特性在一定时间内是稳定且难以改变的,一般来说手指的自由度既不会增多也不会减少,手指的尺寸也不会发生大的变化,故手指的各种属性不会像识别算法或者界面设计因素一样可以进一步改善或者提高。因此,研究手指属性对中文手写系统的影响就变得尤为关键。然而,目前的研究更多地集中在手写系统中识别算法的考量[6-11],即使考虑了人因工效学中拇指的影响,研究的对象也是关于键盘的文字输入[6,12,13],较少关注手写输入和手指属性对中文手写的影响。

对于中文输入来说,手指输入有诸多优点。手指输入不仅能为用户减少携带一只触控笔的负担,更为重要的是使得单手输入变为可能。双手操作和单手操作两种姿势能够使得用户在不同情境下进行手写输入。例如在乘坐地铁或公交车时,站立的用户可能仅有一只手空闲来进行单手的拇指输入,而另一只手需要扶住把手以保持平衡。一般情形下,这种单手姿势对应的手写任务较为简单,手写输入的时间较短,例如发送短信等。在双手输入姿势下,用户则可以完成更长时间、更为复杂的手写任务。由于手写情景的不同,手写任务也变得多样化,手写任务中汉字的复杂程度也不一样。汉字的复杂度主要体现在笔画数的多少,不同复杂程度的汉字在书写时会给用户带来不同的工作负荷。中文汉字是一种象形文字,由不同方向的笔画构成,明显区别于字母文字(alphabetical letters)。因为拇指和食指的运动方向有所不同,所以在书写不同方向的笔画时,拇指和食指的手写绩效也会不同。另外,作为汉字的基本单位,笔画首先构成部首,进而构成汉字(部分汉字直接由笔画构成,如简体字),这样的汉字结构展示了构成汉字的方法[14]。现有研究已经证明,中文具有的各种特性对中文阅读任务中的阅读绩效有非常显著的影响[15],在汉字识别算法中主要影响汉字识别的重要步骤,如汉字切分(character segmentation)。中文字和词还有一定的语义,这不仅会影响汉字的联机识别[16],还会对用户的手写体验产生影响。综上所述,中文特性在中文手写人机交互的过程中有着十分重要的影响。无论是对基础研究还是行业应用来说,理解中文特性对手写输入的影响都至关重要。但是现有的研究较少关注手写输入过程中中文汉字的各种特性是如何影响手写交互的。

在人机交互领域,输入是一个十分经典的议题。随着近些年触控技术的飞速发展和智能手持设备的广泛使用,智能手持设备上的手写输入这一议题也获得了越来越多学者的关注。智能手持设备上的中文手写输入作为其中的一个重要组成部分,也备受关注。对于用户来说,中文手写输入更为自然,因为和他们学习汉字时练习用纸笔书写类似,这种输入方式更为直观,学习成本较低。中文手写输入的这些特点对于那些并不熟悉汉语拼音的用户(例如部分高龄用户)非常重要。不过手指输入和用笔输入还是存在差异的,拇指输入又区别于食指输入,所以如何针对手指输入的中文手写输入进行界面设计成为了一项新的挑战。手指的重要特性如划分、尺寸、接触区域、灵活性和触感等,都需要考虑其影响以便针对其特点进行界面设计。而在中文手写人机交互中,界面设计因素诸如输入框大小、输入框位置、显示大小也会直接对中文手写的绩效和用户体验产生影响[17]。一方面,不同情境下不同的手写输入姿势(如双手输入和单手输入)可能对应不同的界面设计;另一方面,汉字的笔画方向、结构、字体、复杂度、语义都可能对中文手写人机交互过程产生影响,从而也要求界面设计者对于中文特性予以重视。

1.2 研究目的和意义

本书从手指属性和中文特性对智能手持设备上的手写输入的影响入手,首先建立了中文手写人机交互的基础模型,主要研究下述问题:

① 对中文手写产生影响的手指属性包括哪些?手指的这些属性是如何对中文手写人机交互产生影响的?如何衡量和评价这种影响?

② 对中文手写产生影响的中文特性包括哪些?中文的这些特点是如何对中文手写人机交互产生影响的?如何衡量和评价这种影响?

③ 基于手指属性和中文特性的基本中文手写人机交互模型如何建立?

在此基础上,进一步探索界面设计因素的影响,主要讨论下述问题:

① 对中文手写人机交互产生影响的界面设计因素包括哪些?界面的这些因素如何影响中文手写的人机交互?如何衡量和评价这种影响?

② 基于手指属性、中文特性和界面设计因素的完整中文手写人机交互模型如何建立?

③ 为了更好地改善中文手写人机交互,同时考虑手指属性和中文特性的影响,对中文手写输入界面及人机交互系统有哪些可用性设计建议?

本书研究的结果对于中文手写人机交互研究的理论基础具有重要的意义,不仅提出了影响中文书写交互的三类因素,即手指属性、中文特性和界面设计因素,还建立了中文手写人机交互模型。这为未来中文手写人机交互研究奠定了基础,也为未来中文手写人机交互研究提供了诸多可行方向,同时为业界特别是智能手持设备的产品设计提供了理论支持。本书提出的设计建议,为改善中文手写系统的可用性提供了指南。

1.3 研究方法

本书研究分为两个阶段。

第一个阶段从提出问题开始,进而进行文献资料的收集和整理。首先总结了现有中文输入方式和其绩效评测,手写交互的技术和设备。然后重点综述了影响中文手写人机交互的手指属性、中文特性和界面设计因素。最后据此提出了本书的研究架构,建立了中文手写人机交互的研究模型，从而提出了本书的研究问题和研究假设。

第二个阶段包括两个研究角度。第一个研究角度通过3个实验验证和完善了中文手写人机交互模型：第一个实验邀请了39名被试参与者，自变量包括手指属性、中文特性，因变量包括中文手写的绩效和主观评价，据此建立中文手写人机交互的基本模型。第二个实验邀请了110名被试参与者，自变量为输入框大小、显示大小和输入方式，因变量为中文手写的绩效和主观评价。第三个实验邀请了50名被试参与者，自变量为输入框位置、显示大小和输入方式，因变量为中文手写的绩效和主观评价。在实验二和实验三之后本研究建立了完整的中文手写人机交互模型。第二个研究角度在文献资料和实验结论的基础上进一步归纳和总结，从手指属性、中文特性和界面设计因素三个方面提出中文手写人机交互系统的可用性设计建议，为提高中文手写系统的可用性提供设计指南。

本书的研究流程如图1.1所示。

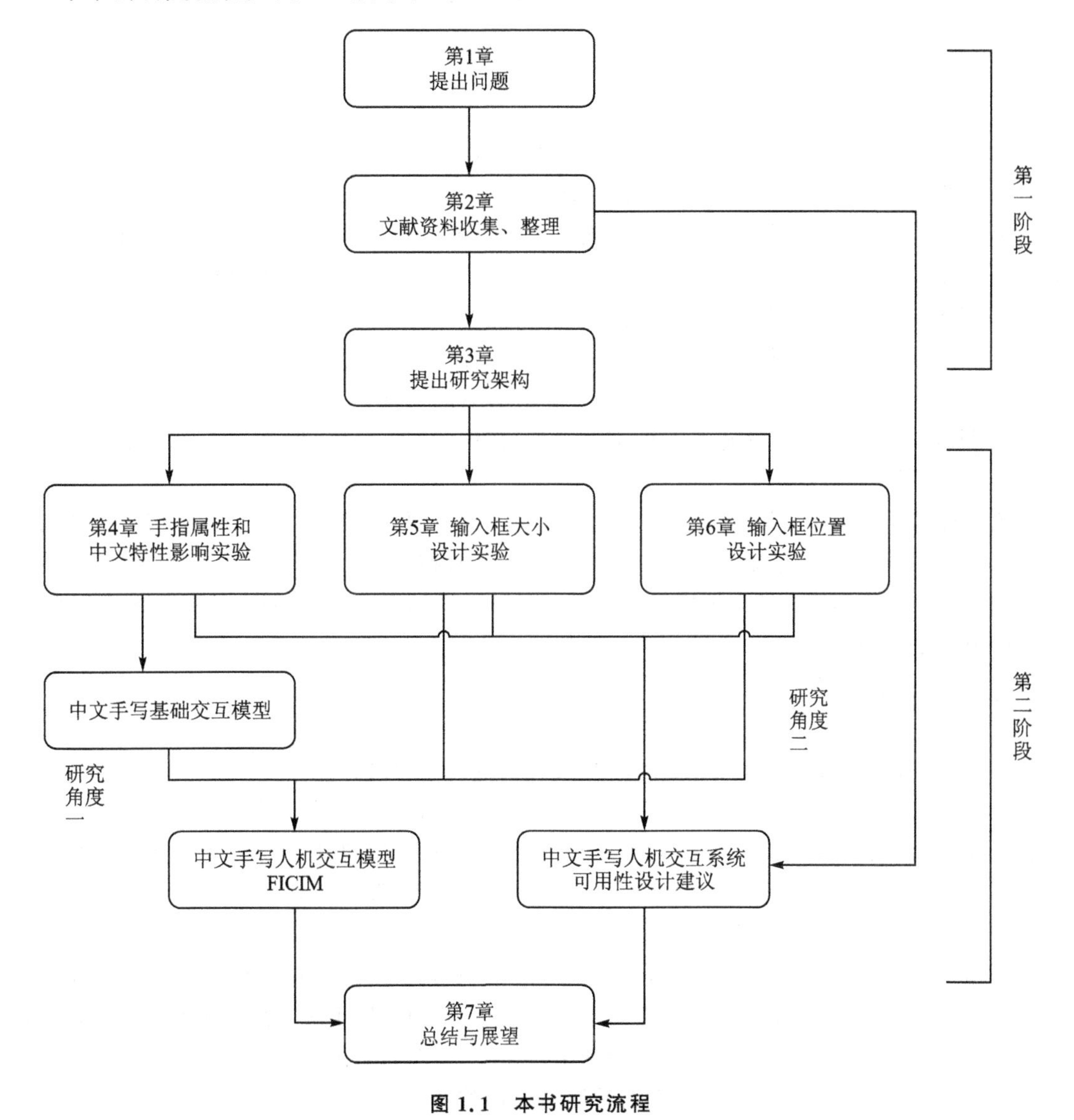

图1.1　本书研究流程

第2章 理论基础

文献和资料的整理是本研究的基础。但是现有关于智能手持设备上中文手写输入人机交互的研究相对较少，对于手指属性、中文特性对手写输入人机交互影响的研究存在一定空白，所以本章将从介绍中文输入人机交互开始，进而阐述和中文输入人机交互息息相关的手指属性、中文特性、界面设计因素三者在中文手写人机交互领域和其他相关领域的研究背景。

2.1 中文输入人机交互概述

2.1.1 中文输入方式

目前主要的中文输入方式有键盘输入、语音输入以及本书研究的手写输入。触控科技的发展让多种多样的手写输入方式成为可能，现有的手写输入方式包括三种。

第一种是双手的触控笔输入，触控笔输入十分类似于大多数人学习汉字时进行纸笔输入的书写过程，用户会使用一根触控笔在触控设备上进行文字输入。关于触控笔的各种参数的设置，如重量、形状、尺寸等，前人也进行了诸多研究[18-21]。

第二种是单手操作的拇指输入，这种输入方式只需要用户使用一只手，能够让用户在仅有一只手空闲的时候进行手写文字输入。研究显示不同的输入姿势对触控操作有显著的影响[22]。目前单手操作的拇指输入人机交互是研究的一个热点[23]，但是关于中文手写单手拇指输入的文献却相对较少。

第三种是双手操作食指/中指输入，这种输入方式需要用户同时使用双手，但不同于触控笔输入的是，与触控屏幕接触的是用户的手指而不是触控笔，所以相对触控笔来说，用户可以避免携带触控笔的不便。研究证实手写活动与肢体的感知能力、运动能力和脑部的认知能力、语言能力等密切相关[24-29]。

2.1.2 中文输入绩效

一般来说，完成的准确率和完成时间是最为关键的手写绩效指标[20,30]。关于手部运动的完成时间，费茨法则(Paul Fitts's laws)是人机交互领域里一个十分经典的法则[32]，其研究显示完成任务的手部运动时间由动作的距离和目标的大小决定。其后许多研究在费茨法则的基础上进行了不同任务的修订和完善[32-35]。手写的准确率经常被用来衡量手写识别算法的好坏[37-39]。用户的满意度和接受度被认为是衡量手写输入体验的重要因素。智能手持设备上的手写输入，用户既要完成手写输入，又要回忆汉字书写的笔画、笔顺、结构，还要使用手写输入系统，所以这个复杂活动中的工作负荷也是一个值得考虑的问题。手写输入是一种重复性的动作，其生理疲劳的水平也影响着用户的手写体验，因而如何衡量生理疲劳水平也是一个重要的研究问题。研究中常用的一种方法是测量肌肉的肌电水平(EMG，electromyograms)，通过肌电反映肌肉的活动量[40-42]。肌电在手写中不仅应用于疲劳水平的监测，还有学者通过肌电参数进行手写动作的研究[43,44]和中文手写的识别[45]。

2.1.3　中文手写输入技术

触控屏幕上的手写交互技术已经发展了近20年，近年来，触控技术已经广泛应用于许多消费者的电子设备上，如个人电脑、MP3、智能手机和自助服务终端(Kiosk)等。手写交互技术的讨论离不开触控技术，目前主流的触控技术有四种：光学触控系统(optical system)、电容触控系统(capacitive system)、表面声波技术系统(projective system)和电阻触控系统(touch-sensitive system)。按照不同的触控技术生产制造的触控屏幕，这些触控技术各有其优点和缺点，并应用于不同触控设备和触控场景之中。例如，相对电阻触控屏幕来说，电容屏幕在完成触控操作时手指几乎不需要用力就可以实现，但是如果戴上手套(一般手套，非电容触控专用手套)，手指的触控功能就丧失了。基于各种触控技术的特点，目前主要应用在手持移动触控设备上的是电容触控屏和电阻触控系统，而且电容触控系统的应用更为广泛，已成为手持设备触控技术的发展趋势。

针对中文手写系统来说，一个非常重要的技术为汉字的识别。手写识别技术分为两大类，一类是脱机识别(off-line recognition)，另一类是联机识别(on-line recognition)。脱机识别常常应用于印刷文本的识别，联机识别则更多应用于智能手持设备的中文手写输入，也是本研究所关注的重点。手写汉字的识别要经过预处理(pro-processing)、切分(segmentation)、再现(representation)、识别(recognition)、后处理(post-processing)等过程[37]。

2.2　手指属性

2.2.1　手指划分

手写的过程是手指、手掌、手腕的一系列活动。手指、手掌和手腕也是手部的三个组成部分。手指(digit)包括拇指(thumb)、食指(index finger)、中指(middle finger)、无名指(ring finger)和小指(little finger)。英文中的finger一般指的是除了拇指以外的其他四指，所以手指(digit)分为拇指和其他四指。一般来说，中指最长，拇指最短。指长比(digit ratio)是描述手指之间长度的比例，是手指研究中的重要概念。

手写输入既能使用拇指输入也能使用食指输入。用拇指进行手写中文输入和用食指进行手写中文输入是不一样的。因为拇指不论是在尺寸、自由度、灵活性和运动范围等方面都和其他手指显著不同，而中指和食指的各方面特性类似，食指输入又比中指输入更为广泛，所以本研究主要探讨拇指输入和食指输入的差异。

2.2.2　手指尺寸

关于手指的尺寸，拇指、食指、中指、无名指和小指之间存在不同，人与人之间也存在个体差异。人的手指形状并不规则，现有的研究使用了许多手部尺寸指标对其进行描述[46,47]。为了更好地理解这些指标，现将手指的关节对应名称描述如图2.1所示。图中，圆圈为5个手指对应的掌指关节(metacarpophalangeal joint，MCPJ)，三角形为除了拇指以外4指对应的近位指关节(proximal interphalangeal joint，PIPJ)，正方形为除了拇指以外4指对应的远位指关

节(distal interphalangeal joint，DIPJ)，菱形为拇指的指间关节(interphalangeal joint，IPJ)。因为拇指上面的关节较其他4指少1个，只有1个，所以拇指指间关节并无近位指关节和远位指关节之分。

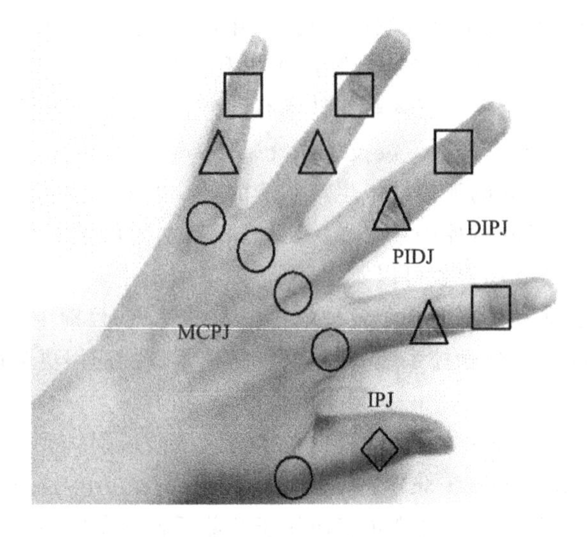

图 2.1 手指关节的示意图

手指的长度和远位指关节宽度对于中文手写来说尤其重要。手指长度会直接影响到手指的运动范围从而进一步影响到手写的范围，所以手指长度和中文手写有着密切的关系[48,49]。因为手指与触控屏幕直接接触区域会随着书写改变而变得难以直接测量，所以手指远位指关节DIPJ(拇指为指关节IPJ)的宽度可以间接地反映不同尺寸的手指输入时输入区域的大小。不过手指触控区域依然会随着手指按压屏幕压力的改变而改变，如图2.2所示，这也为相关研究提出了一个难点。

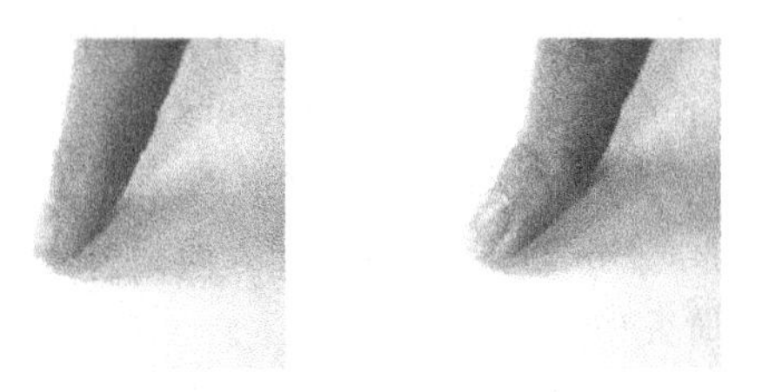

图 2.2 随着按压压力的增加而增加的触控区域

拇指和食指在手指长度和关节的宽度上均有不同。总体来说，拇指比食指更短更粗，中国国家标准对中国成年人的手部尺寸进行了测量，中国人手指尺寸的平均水平如表2.1和表2.2所列[50,51]，中国国家标准中成年人手部尺寸测量示意图如图2.3所示[51]。图中，序号9表示手部宽度，序号1表示手长，序号4表示掌侧拇指长，序号18表示拇指关节围，序号5表示掌侧食指长，序号13表示食指近位指关节宽。这些指标都是影响中文手写人机交互的重要指标。不过现行国家标准提供的数据尚存在两点不足之处，一是数据年代久远，1996年至今，对于GB/T 16252—1996来说，18年过去了，中国人的手部尺寸早已经发生了变化，更不用说1988年的国家标准。二是缺乏直接测量手指关节宽度的数据，只能间接地参考拇指指围。这两点给研究中文手写系统的界面设计(如输入框的大小)增加了一定难度。

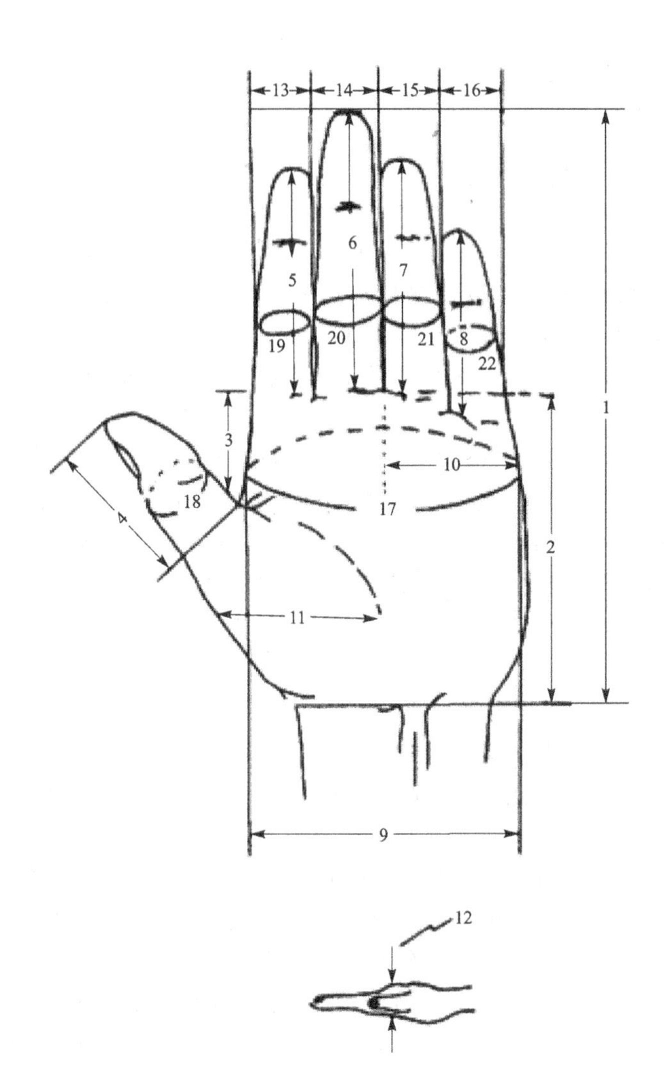

编号	测量项目
1	手长
2	掌长
3	虎口食指叉距
4	拇指长(掌侧)
5	食指长(掌侧)
6	中指长(掌侧)
7	无名指长(掌侧)
8	小指长(掌侧)
9	手宽
10	尺侧半掌宽
11	大鱼际宽
12	掌厚
13	食指近位指关节宽
14	中指近位指关节宽
15	无名指近位指关节宽
16	小指近位指关节宽
17	掌围
18	拇指关节围
19	食指近位指关节围
20	中指近位指关节围
21	无名指近位指关节围
22	小指近位指关节围

图 2.3　手部尺寸测量示意图

表 2.1　成人食指 DIPJ 宽度

mm

百分比/%	1	5	10	50	90	95	99
18～60 岁男性	14	15	15	16	17	18	19
18～55 岁女性	13	14	14	15	16	16	17

表 2.2 手部尺寸

mm

分类	手		拇指		食指	
	宽度	长度	IP 关节围	长度	PIP 关节围	长度
18～60 岁男性	181.6	80.1	64.5	53.2	62.1	68.2
18～55 岁女性	171.0	75.0	58.8	51.9	56.6	64.7

近年的研究显示中国人的手指尺寸发生了变化。一项研究测得拇指指关节的宽度为18.1 mm，食指为 14.3 mm[52]，所以输入框大小应至少大于 18 mm×18 mm。现有关于中文手写人机交互的研究极少考虑到我国人的手部尺寸。

• 设计建议：为了避免手指大于输入框带来的不良影响，输入框大小应该至少大于18 mm×18 mm。

另外，现有的研究极少对拇指和食指的输入框大小分别进行研究，多将两者视同一样。但是拇指和食指的尺寸显然并不一样，现行国家标准显示拇指和食指至少有 1 mm 的宽度差距。所以对于拇指和食指是否需要不同大小的输入框，之间的差异是多少，值得进一步研究。如果采用可以调整大小的输入框，则可以解决因手指尺寸之间的差异而带来的问题。

• 设计建议：采用可以调整大小的输入框，从而使拇指和食指获得同样的绩效。

2.2.3 接触区域

人的手指和智能手持设备的接触区域对中文手写输入有着重要的影响。为了更全面地理解和使用手的触控信息，研究者们经常将触控手指接触区域作为一个重要的参考属性[53,54]，特别是拇指触控区域的相关属性被频繁用来作为丰富单手交互的重要因素[3]。举例来说，手指指纹不仅仅被用于身份确认，还被用来提高触控输入的准确率[39]。手指触控区域存在许多属性，但目前手写系统中常用到的仅有触控点和手指压力，用以显示手写的轨迹[55,56]。利用手指触控区域的信息能够使得手写绩效得以改善。近年来的研究发现触控区域的大小、形状和方向能够帮助改善触控绩效[11]。在字母手写输入系统中，研究者会利用指尖信息提高触控识别的准确率[57]。然而在中文手写系统的设计中，许多丰富的手指触控区域信息被忽略了，没有好好地加以利用。

触控区域也和用户的触控满意度相关。以触控点为例，触控点并非简单的一个点，指腹、指甲、指尖左端、指尖右端都可以在触控时视作触控点[54]。在电阻类触控屏幕上操作时，由于是通过对屏幕施压进行触控操作，故指腹、指甲、指尖左端、指尖右端操作都可以产生触控点。在现在使用最多的电容类触控屏幕上操作时，只有能够产生电导的触控操作才能产生触控点，所以指甲不能被用来进行触控操作。用户如果对于触控操作的手指部位有倾向(如偏好指甲操作)，那么使用智能手持设备手写输入时的满意度必然受到影响。

• 设计建议：尽可能多考虑手指触控区域的属性，如尺寸、形状、方向等，以获得更好的触控绩效和用户满意度。

2.2.4 手指运动能力

手写输入时间和手写字体的大小一定程度上取决于手指运动能力的强弱[58]。更强的手指运动能力能够进行更为流畅和准确的手写输入,从而提高文字输入的绩效和满意度[59]。一项针对正常儿童和患病儿童的比较研究显示,手指运动能力显著影响着中文手写的输入时间和准确率[60]。关于字母文字的研究也证明了手指运动能力在受到酒精的作用后会影响纸笔手写的质量,包括单词长度、单词间距等[61,62]。

手指尺寸、肌肉纤维的数量、强度和手指的自由度导致了不同手指在运动能力方面存在差异[63-65]。其中,手指尺寸和自由度直接影响着手写输入绩效。拇指比食指短,但是拇指关节较食指远位指关节要更宽[51]。学术界对于手的自由度尚存在一些分歧,有人认为手部共有17个关节,总共22个自由度(Sturman, 1991)。近期研究又指出人手一共有27个自由度:除了拇指以外的四指都是4个自由度,其中3个自由度用于伸展(extension)和弯曲(flexion),1个自由度用于外展(abduction)动作的产生;拇指则较为复杂,有5个自由度;手部最后6个自由度用于手腕的旋转(rotation)和转换(translation)[49]。不过,学者们对于拇指比其他手指的自由度更多这一观点是基本一致的[66]。拇指和食指的运动能力的差异有可能导致两类手指在手写输入的时间和手写汉字的大小尺寸上产生差异。最近的一项研究表明,在智能手持设备上进行单手操作时,拇指在内收-外展(adduction - abduction)方向的触控绩效要高于弯曲-伸展(flexion - extension)方向的触控绩效[4]。即使是同一个手指,在不同的运动方向上也存在差异[67]。

手指活动范围会对手写交互产生影响[68]。实验显示对于5～7岁小孩来说,时空约束(spatio - temporal constrains)对于手写活动有着显著影响[69]。因为尺寸原因,拇指的运动范围较食指更小。但是拇指不同于另外四指的一个显著特征是拇指能够完成比其他四指更多的动作[24]。另外,部分人的手指关节能够往外翻转90°,俗称hitchhiker's thumb,医学术语为远端超伸展性(distal hyperextensibility)[66,70]。这使得拇指的活动范围又区别于其他四指。

手指运动能力的差异应该在中文手写人机交互系统的设计中得以体现。拇指和食指不同的运动能力会导致不同的输入时间,这将影响手写系统判别用户何时已经输入完一个汉字,何时开始识别。一种解决思路是针对拇指和食指输入采取两种不同的输入模式。因为拇指在手写输入中需要单手操作,不如两手操作的食指灵活,需要的反应时间更长,所以针对拇指输入的模式,识别系统等待手写输入完成的时间应该较长。拇指输入和食指输入两种不同的输入模式应该伴随不同的界面设计。例如,拇指输入的输入框应该大于食指的输入框。多样化的输入模式对于同时使用拇指和食指输入的智能手持设备来说十分重要。

- 设计建议:为拇指和食指提供多种输入模式,以提高用户评价。

2.2.5 纹理感知

智能手持设备上的手指输入过程中,人的皮肤会直接接触到触控屏幕表面。纹理感知(又称质地感知,texture perception)被用以描述人对于屏幕表面的感受。纹理感知会影响到手写的容易程度和生理疲劳水平,因此在智能手持设备的触控操作中也是一个需要重点考查的因素[71,72]。在更为平滑的表面上,手写输入因为阻力更小也更为流畅。所以,智能手持设备表面应该足够光滑,减小手指输入时触摸的阻力,从而降低生理疲劳水平,增加用户满意度。

2.2.6 输入姿势

在不同的输入情景中,用户可以采用不同的手写姿势,包括双手手持设备(two-hands

held)、单手手持设备(one-hand held)和不用手手持设备(no hand held)三种。针对这三种输入姿势,不少研究者进行了手写交互的相关研究[73-75]。在双手手持设备中,用户一手固定设备,另一只手(通常是惯用手)进行输入,并且有时也会参与少量固定设备的工作。这种输入姿势经常被用于用户双手都空闲的情况下,例如用户在座位或者床上使用 iPad 时。在单手手持设备的输入姿势中,用户一手(通常是惯用手)握住设备的同时,用同一手的手指输入。这种输入姿势常常用于在单手空闲的情景之下,例如用户乘坐公交车需要用一只手扶住公交车把手时。双手手持设备和单手手持设备的输入姿势通常适用于智能手持设备,而在大型固定的智能触控设备如自助服务终端(Kiosk)上,用户常常使用不用手手持设备的输入姿势,即用户只用手进行触控输入而不用手持设备。

在单手手持设备的输入姿势中,用户用拇指进行输入,而在另外两种输入姿势中,用户一般用食指(有时用中指)进行触控输入。有研究者针对不同的输入姿势开发了不同的触控输入界面[3,76]。考虑到拇指和食指的运动范围并不一样,所以拇指和食指的最佳输入位置极有可能不一样。例如,研究显示单手手持设备的输入姿势中,拇指的活动范围限制在触控设备的一个角落里[73]。如果要为多种输入姿势同时设计,则可以调整位置的输入框以解决不同输入姿势带来的冲突。

- 设计建议:为不同输入姿势设计可以调整位置的输入框。

不同的输入姿势或者输入情景导致不同的输入模式[77]。拇指和食指之间尺寸的差异会导致输入框大小也存在差异,加之输入框位置的不同,所以另一种解决思路是,为拇指和食指准备不同的输入模式,从而让用户的手写体验更佳,获得更好的用户满意度。

- 设计建议:为不同输入姿势提供多种手写模式,以获得更好的手写绩效和用户满意度。

2.3 中文特性

中文汉字和字母文字有着显著差异,因此设计中文手写人机交互系统和设计字母文字的手写交互系统是不同的。为了获得更好的手写交互体验,理应理解和考虑中文汉字的特点及其影响。以往研究多关注汉字的识别[10,11],却鲜少考虑中文特性对中文手写人机交互的影响。

中文汉字独有的特性应该在中文手写人机交互系统中得到更好的考量。汉字由笔画和部首构成,部首同时也由笔画构成,所以汉字基本上是由笔画构成的,汉字的复杂程度一定程度上体现在笔画数的多少上。手写输入汉字就是手写输入笔画过程的组合,而笔画的方向性是汉字显著不同于字母文字的一个特点。笔画和部首以一定的方式组合在一起,组合的方式叫作汉字的结构。手写输入汉字和打印汉字不一样,汉字的笔画、部首乃至结构都会在手写输入时发生一定的变化,带来不同的手写风格。字体可以在一定程度上体现手写输入时笔画、部首和结构的变化,以此给手写风格归类。除此之外,汉语语义也是十分有趣的现象,不仅汉字词语含有特定语义,单个汉字也会有其含义。充分考虑中文汉字的各种特性,有助于设计出更好的中文手写人机交互系统。

2.3.1 汉字复杂度

在中文阅读任务中,汉字的复杂度表现为其笔画数的多少。研究者将汉字的复杂度分为三个水平：一是高度复杂汉字（笔画数大于13，如“繁”字），二是中等复杂汉字（笔画数在8～13之间，如“单”字），三是简单汉字（笔画数少于8，如“四”字）[15,79]。汉字集共有三个，分别为简体字（simplified Chinese character）、繁体汉字（traditional Chinese character）以及日文汉字（又称日文平假名Kanji）。不论哪种汉字集，汉字都可以按照笔画的多少对其复杂程度进行分类。但是，现有研究中并未指出在中文手写人机交互领域中如何考量汉字复杂度这一因素，并且对手写任务中汉字复杂程度的划分也尚不清楚。

在中文阅读任务中，汉字复杂程度不仅显著影响了中文阅读绩效[15,79,80]，还会在一定程度上影响中文手写输入时间和识别效率[81,82]。在更为复杂的汉字中，笔画更多，部首更多，笔画与笔画之间的关系更多，汉字的构成更为复杂，从而影响用户手写的工作负荷。原因有两点，一是用户在书写复杂汉字时需要处理更多的信息，例如回忆更多的笔画和更复杂的汉字结构；二是大脑在处理不同复杂程度的汉字时会用到不同的脑半球[83]，所以，在中文手写人机交互系统中充分考虑汉字复杂度特别是笔画数的影响是十分必要的。

• 设计建议：在设计中文手写人机交互系统时考虑汉字复杂度的影响，从而改善书写的绩效和减轻工作负荷。

2.3.2 笔画方向

如2.2.4小节所述，拇指和食指的运动方向存在差异，同时汉字的笔画也是具有方向性的，所以在中文手写人机交互中拇指和食指输入不同方向的笔画，出现的汉字很可能就会不一样[38]。由于拇指和食指在不同方向的运动能力不一致，故可能导致拇指和食指在输入不同方向的笔画时存在倾向，从而导致不同的手写绩效[67]。从笔画输入方向的角度考虑，研究者将汉字分为了12种类型[84]，如图2.4所示。

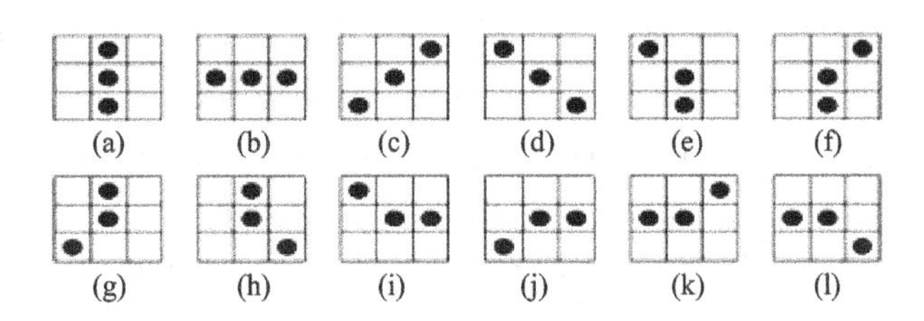

图2.4 基于笔画方向的汉字分类

中国国家规范中将汉字基本笔画规定为横、竖、撇、点、折5种[85]。实际上，无论是Kato对汉字笔画的分类，还是中国国家规范中规定的汉字基本笔画，在书写时的手指运动方向基本可以分为4类，分别是水平方向（“横”）、垂直方向（“竖”）、左下方向（“撇”）、右下方向（“捺”或者“点”）。基本笔画“折”是4个方向的组合，例如“横折”表示先水平方向书写，然后向左下方向书写。所以在本书中，中文书写基本方向考虑水平、垂直、左下、右下4种。

在手写输入时，考虑汉字的方向能够提高手写识别的效率[84]。其原因有二：一是触控区域的方向属性能够帮助识别带方向的笔画，从而提高识别效率；二是不同的手指在书写运动能力更强的笔画方向时会减少生理疲劳[64]。

• 设计建议：在设计识别系统时考虑笔画的方向以提高识别效率。

2.3.3 汉字结构

中文汉字的特殊性不仅在于其笔画的方向性，还在于汉字都有自己的结构。有学者对于汉字广义上的结构做了深入的研究[86]，包括汉字笔画、笔顺等。本书研究的汉字结构是狭义上的。根据国家汉字部件规范[87]，汉字基本笔画可以组成汉字部首(也称偏旁)，部首进一步组成汉字，也有不由部首直接构成的汉字，称为独体字。所以汉字可以分为两大类：一类是笔画以一定方式直接构成的汉字(也可视作由一个部首直接构成)，即独体字(indecomposable character)，另一类是由一个以上部件(component)构成的汉字，叫作多部件汉字(multi-radical character)，多部件汉字一般由索引部首(indexing radical)和其余部件共同构成。根据部件构成汉字的方式，多部件汉字可以进一步分为 3 类，即左右结构、上下结构和包围结构，如表 2.3 所列。在独体字中，索引汉字的方法是将其第一笔视作其索引部首[88]。中国国家规范规定了 201 种主要索引部首(principal indexing radical)和 100 种附加索引部首(associated indexing radical)(附加索引部首指的是和主要索引部首类似但使用较少的部首)[85,88]。

表 2.3 汉字结构

汉字结构	示例	
多部首汉字	左右结构	海、放、树
	上下结构	安、吴、售
	包围结构	围、岛、凰
独体字	一、专、串	

正如多数中国人小时候学习用纸笔书写汉字一样，正方形的输入框能够帮助中文手写获得更好的书写质量，触控设备也是如此[75]。不过现有研究只证明了在掌上电脑上进行中文手写输入时，正方形中文输入框能够帮助用户获得更好的手写绩效，至于其他尺寸触控设备的研究则未有定论。根据中国人小时候学习汉字的经历可以推测，更符合汉字结构的正方形输入框应该能够帮助用户在其他尺寸的智能手持设备上获得更好的输入绩效。因为多数汉字有着方正的结构，汉字在中国也被俗称为“方块字”，所以正方形输入框更有利于书写绩效的提升。图 2.5 所示为正方形输入框和矩形输入框的对比。

图 2.5 正方形输入框与矩形输入框对比

- 设计建议：使用正方形的输入框设计以获得更好的手写绩效。

汉字结构的特点能够帮助中文识别系统获得更好的识别效率。举例来说，中国人小时候开始学写汉字的时候(一般为 5～8 岁)，很多会使用一种米字格输入框进行练习，书写时要求写在输入框里面，米字格背景能够帮助用户将汉字书写得更为方正，如图 2.6 所示。手写界面使用米字格背景也能提高识别系统的识别效率。另外，输入框的颜色设计也值得注意，这是因为研究显示中文阅读绩效会受到颜色的影响，比如红字绿底就会给阅读带来负面影响，这在手写输入中也同样需要考虑。

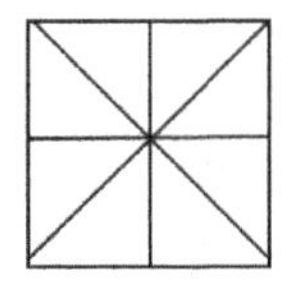

图 2.6　输入框的米字格设计

- 设计建议：在输入框中增加额外的背景信息以提高手写绩效。

2.3.4　书写风格

字体会影响到手写的识别准确率和输入时间。现有研究验证了字体对于汉字识别率的影响[30,89]。总体来说，手写汉字共有两种字体风格，一是正楷字体(regular style)，二是连笔行书(cursive style)，如图 2.7 所示。正楷更类似印刷体(block style)，相比连笔行书来说，用户使用正楷字体时书写更为仔细，笔画之间连接(连笔)更少，笔画的省略也更少，所以这种手写字更容易读取和识别。连笔风格因为笔画更多或者笔画省略更多而导致识别困难，所以连笔的识别是中文手写识别领域中的一个难点问题[10,30]。此外，研究结果显示用户都有个人手写风格[10]，并且手部指长比也会影响手写的书写风格[90]。

图 2.7　中文手写字体的两种书写风格

手写的满意度会受到汉字书写风格的影响。中文书写风格在我国作为一种艺术形式存在，称作书法。在中文书法中，书写讲究起承转合，落笔有轻重，线条的粗细体现了力量的控制和运用，如图 2.8 所示。有研究指出，书法练习者可以借助练习书法改善身体健康状况和平静情绪[82,91,92]。所以字体书写风格与用户主观感受乃至满意度之间存在一定的关联。

图 2.8　中文书法

- 设计建议：让用户在中文手写过程中体验到书法书写的感受。

同时，汉字书写风格也会影响手写的输入时间，这也需要中文手写人机交互系统的设计者多加注意。用户的书写风格均具有个人特色，因此给手写识别带来了困难。解决办法之一是利用自适应的识别算法学习用户个人的手写风格，从而提高手写识别率[93-95]。

- 设计建议：使用自适应识别系统学习用户的书写偏好。

2.3.5 汉语语义

汉字语义对于中文手写的识别过程尤为重要。许多手写识别算法中都嵌入了语言模型以提高识别的准确率和缩短时间[11,16,96,97]。因此，在中文手写人机交互中需要特别考虑汉语语义的特点。语义不只是指单独一个汉字特定的含义，还描述了字与字之间的联系，即汉字词语。建立在语义词库基础上的交互系统能够通过语义预测用户即将书写的汉字，改善手写交互过程[52,98]。系统根据语义库推测出用户下一个书写的汉字，给出联想的词语，用户不需要继续手写下一个汉字，就能从联想词语里面选择目标词语，完成该词语的手写输入过程。然而如何设计联想词库界面，例如其显示的大小、位置或者颜色等，手指的属性如手指划分、尺寸又会产生什么影响，目前还没有研究能够回答这些问题。

• 设计建议：在汉字识别系统中考虑中文语义的影响，从而提高识别的效率。

如果用户能一次输入一个汉字词语甚至一句话而不是单个汉字会帮助用户节省输入时间，并相应地减少生理疲劳水平。中文不同于字母文字，例如英语由 26 个字母组成，识别好 26 个字母就能识别英文单词，而组成中文的基本笔画——点、横、竖、撇、折在每个汉字中都有一定的变化，字与字之间还有可能出现连笔。所以，能够同时手写输入多个汉字对识别系统提出了新的挑战。

• 设计建议：考虑设计同时识别多个汉字的系统以提高手写绩效和用户体验。

2.4 界面设计因素

2.4.1 输入框大小

输入框大小一直是人机交互的重要议题，不论是学术界还是业界都十分重视输入框大小的研究，已有研究者建立了输入框大小和手写绩效之间的联系[99,100]。手指的尺寸对中文手写的人机交互有着重要影响，也直接影响着中文手写的界面设计。现有研究已经给出手指输入的最佳输入框大小为 25 mm×25 mm[100]。但是此研究并未考虑手指的尺寸，且研究对象为在日本生活的会中文的人，被试量较小，所以这个最佳输入框大小的普适性值得怀疑，最佳输入框的大小很可能比这个尺寸要大。有研究指出对于小型触控设备来说，最小输入尺寸为 9.2 mm，对于掌上电脑来说最佳输入尺寸为 14 mm[75]。但在此研究开展的时间内主流的手写触控设备都不超过 5 英寸①，现在许多智能手持设备尺寸比这个要大，例如 iPad。所以关于输入框大小的研究也受到触控设备显示大小的限制。除了显示尺寸和现下的主流智能手持设备存在差异之外，该研究由日本学者进行，实验中使用的是日本汉字(Kanji)和日语字母(Kana)，所以其结论并不一定完全适用于中文手写输入的情形。

况且，目前的输入框大小的研究中缺少拇指输入和食指输入等不同输入方式的考虑。仅有一项研究通过实验证明智能设备上最佳中文输入框大小为 25 mm×25 mm[100]，根据 2.2.2 小节中成年人手指的尺寸数据，如果使用 25 mm×25 mm 的输入框，拇指输入时极有可能会覆盖约 2/3 的输入区域。所以，有理由怀疑 25 mm×25 mm 的输入框大小是否合适。输入框

① 1 英寸＝2.54 cm。为方便描述设备尺寸，后文都采用“英寸”作长度单位。

的大小设计不仅受到手指尺寸的影响，还会受到手写输入方式（拇指输入、食指输入、触控笔输入）的影响。

输入框大小与中文手写人机交互有着十分紧密的联系，表现在以下三个方面。第一，大小合适的输入框能够增加手写输入的准确度[77]。研究显示，对小型触控设备上的离散的任务类型（discrete task）来说，9.2 mm 的目标尺寸已经能够使拇指进行有效的触控，而对于连续的任务类型（serial task）来说，则需要 9.6 mm 的目标尺寸[73]。对于触控笔输入来说，5 mm 的目标尺寸才足以保持和键盘输入相当的错误率[101]。第二，输入框的大小影响着用户的满意程度。而输入尺寸受手指尺寸的影响，研究显示拇指尺寸会影响智能设备上文字输入（text entry）的满意度[74]。第三，输入框的大小还会影响生理疲劳程度。输入框较大时，用户倾向于输入更大的汉字，手指活动范围增加，书写时间加长，生理疲劳的水平也会较高[102-104]。

2.4.2　输入框位置

关于输入位置的研究历来为人机交互学者所关注，合适的输入位置能够辅助用户获得更好的绩效。研究指出输入框位置对于触控操作中选择的准确率至关重要[105]。随着单手拇指的触控交互方式越来越多地应用于智能设备上，对于拇指输入位置的研究也引起了许多学者的关注[2,99]。有学者研究了目标位置对触控绩效的影响，结果显示中心区域对于拇指交互更为有利[99]。而在另一个智能手持设备上的研究触控点击任务（tap）的人机交互实验中，结果显示用户主观认为屏幕中心的点击任务更为容易，但屏幕边缘的点击任务的实际绩效水平却更高[1]。不过，目前多数智能手持设备将中文手写的输入框位置置于显示界面下方。很少有研究直接讨论输入位置对于中文手写绩效的影响。由关于触控位置的研究可以推测，输入框位置对于中文手写的人机交互会产生一定影响，但是这种影响的大小乃至中文手写人机交互中最佳输入框位置的确定还需要进一步的探索，并且由于拇指较食指短[50]，故适用于食指的输入位置不一定能同样适用于拇指。

2.4.3　输入框形状

研究证明，相对于长方形输入框，正方形的输入框能够使得智能手持设备上的中文手写获得更好的输入绩效和主观评价[75]。原因正如 2.3.3 小节中关于汉字讲究方正的结构的讨论。由于汉字在笔画上有多种变化，在汉字的书写过程中也讲究字的书写端正，故相对于长方形输入框来说，正方形的输入框对应的绩效更好，用户的评价更高。但是现有许多中文手写系统的设计中，并没有很好地考虑这一点，依然采用长方形的输入框。这很可能影响到中文手写输入的用户体验。

2.4.4　显示大小

目前的触控设备种类繁多，很大的一个区别体现在不同的显示大小上。手持触控设备的尺寸从几英寸到十几英寸不等，这使得中文手写人机交互系统中的界面设计变得更为复杂。首先，显示的大小会影响手写的输入方式。例如，用户可以轻而易举地在一个 3 英寸的手持触控设备上进行单手拇指的中文手写输入，但是同样的操作难以在一个 10 英寸的手持触控设备上进行。其次，显示大小对于中文手写人机交互的影响还需要更多探索。现有的研究很少考虑显示大小，因此在设计中文手写人机交互系统时也较少有这方面的考量。显示大小是否影响以及如何影响中文手写人机交互是一个重要的研究问题。研究显示，高龄用户在3.5英寸和5.0英寸设备上的中文手写输入绩效高于键盘输入，而在7.0英寸和9.7英寸的设备上，两种输入方式之间则不存在显著差异[124]。显示大小也可能会和输入框大小、输入框位置、输入方式共同对中文手写产生交互影响，例如输入框的大小或者位置是否应该随着显示大小的变化而变化，也值得深入探究。

2.4.5 其他因素

除了输入框大小、输入框位置、输入框形状、显示大小之外，人机交互界面设计中常常还涉及其他的因素，比如形状(shape)、颜色(color)、深浅(value)、方向(direction)、纹理(texture)等视觉界面(visual interface)中的重要因素，这些因素也有可能会影响到中文手写的人机交互。例如，中文阅读的研究显示，屏幕显示的字体尺寸、分辨率、行距等与阅读交互绩效存在一定联系[106-108]。

另外，为了给智能设备用户的触控操作提供更好的交互，一定的触控反馈也是必不可少的。反馈(feedback)一般包括三类：视觉的(visual)、听觉的(audio)以及触觉的(haptic)。此前诸多研究已经证明了在触控操作中，适当的反馈能够使得触控操作绩效更好[109-112]。多样化的触控反馈对于一些特定的用户群体尤为重要，例如残疾人和老年人。在中文手写人机交互领域中，上述研究方向都值得进一步探索。

2.5 本章小结

本章介绍了中文手写人机交互的相关理论基础，特别是手指属性、中文特性和界面设计因素三个方面。由于直接针对中文手写人机交互的研究相对较少，该领域的研究存在一定空白，故本章也整理了许多与中文手写人机交互相关的研究结果和数据资料。经过整理资料和文献，本章同时提出了基于文献资料的中文手写人机交互系统的设计建议，如表2.4所列。

表2.4 基于文献资料的中文手写人机交互系统可用性设计建议

类别	因素	描述
人的手指	手指尺寸	为了避免手指大于输入框带来的不良影响，输入框尺寸应该至少大于18 mm×18 mm
		采用可以调整大小的输入框，从而使拇指和食指获得同样的绩效
	接触区域	尽可能多考虑手指触控区域的属性，如尺寸、形状、方向等，以获得更好的触控绩效和用户满意度
	运动能力	为拇指和食指提供多种输入模式，以提高用户评价
	输入姿势	为不同输入姿势设计可以调整位置的输入框
		为不同输入姿势提供多种手写模式，以获得更好的手写绩效和用户满意度

续表 2.4

类　别	因　素	描　述
中文汉字	汉字复杂度	在设计中文手写人机交互系统时考虑汉字复杂度的影响，从而改善书写的绩效和减轻工作负荷
	汉字结构	使用正方形的输入框设计以获得更好的手写绩效
		在输入框中增加额外的背景信息以提高手写绩效
	书写风格	让用户在中文手写过程中体验到书法书写的感受
		使用自适应识别系统学习用户的书写偏好
	汉语语义	在汉字识别系统中考虑中文语义的影响，从而提高识别的效率
		考虑设计同时识别多个汉字的系统以提高手写绩效和用户体验

第3章　研究架构

3.1　研究架构的建立

如第2章中所讨论的，中文手写人机交互过程受到诸多因素的影响，其中，手指属性、中文特性和界面设计因素三个方面尤为关键。手写输入是手指的活动，手指拥有诸多属性，手指划分、尺寸、运动能力等。属性上的差异使得手指在完成手写输入的动作时必然存在差异。但是从现有的文献来看，现有的中文手写人机交互界面设计研究中较少考虑手指的特性可能会产生的影响。同样的，文字的各种特点如笔画方向、笔画数和汉字结构等也会影响中文手写的过程，但是其影响如何？用什么方式评价其影响？现有的研究中鲜少回答这些问题。

第2章研究总结了影响中文手写人机交互过程的三个主要方面：手指属性、中文特性和界面设计因素。从手指属性来看，影响中文手写人机交互的主要因素有手指划分、手指尺寸、接触区域、手指运动能力、纹理感知、输入姿势；从中文特性来看，影响因素包括中文复杂度、笔画方向、汉字结构、汉字书写风格、汉语语义；从界面来看，影响因素包括输入框大小、输入框位置、显示大小。如此多影响中文手写人机交互的因素，如果要定量地研究每一个因素的影响，将会经过一个长期的过程。由于目前中文手写人机交互领域的相关研究相对较少，本书作为中文手写人机交互的基础研究和初步探索，会将实验研究的重点放在9个因素上，包括手指属性（划分、长度、宽度）、中文特性（笔画数、笔画方向、汉字结构）以及界面设计因素（输入框大小、输入框位置和显示大小）。基于第2章的探讨，这9个因素也是中文手写交互过程中的关键因素。那么，这些因素是否会对中文手写人机交互产生显著影响？又是如何影响中文手写人机交互的各个评价指标的呢？据此，本研究形成了中文手写人机交互的研究架构，即中文手写人机交互研究模型，如图3.1所示。而对其他因素的研究，将通过本书另一个重要的研究思路——建立中文手写人机交互系统可用性设计建议来一一展开。通过整理现有文献和资料，结合本书对9个关键因素定量研究的结果，提出中文手写人机交互系统的可用性设计建议。

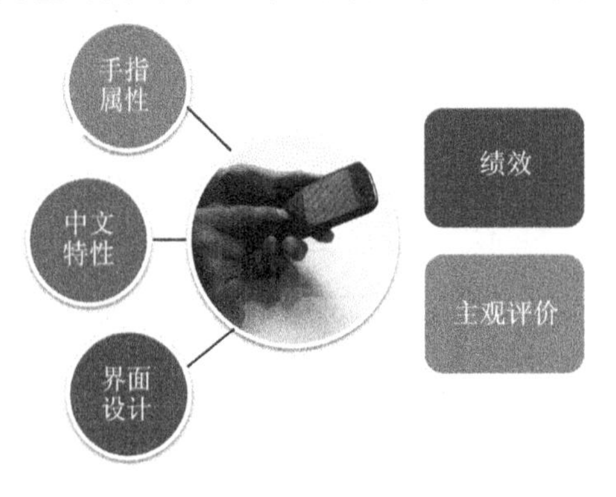

图3.1　中文手写人机交互研究模型

而在未来的研究中，在本书中文手写人机交互模型的基础上，还可以进一步定量分析其他影响中文手写人机交互的因素。

中文手写人机交互的评价指标主要包括两个方面：绩效方面，包括输入时间、准确率、触框次数、重写次数等；主观评价，包括工作负荷和满意度。绩效评价指标通过客观测量的方式获得，而主观评价指标通过问卷方式获得。通过这些指标可以评估手指和文字的特性在中文手写交互界面中的影响。但是哪些指标在评价中更为有效，则是一个值得进一步探讨的问题。

鉴于此，本研究设计了三个实验，以期回答这些研究问题。实验一研究手指和文字特性对中文手写绩效和主观评价的影响。在此基础上，实验二考虑了在不同手写输入方式和显示大小下中文输入框大小设计的问题。实验三则研究了在不同手写输入方式和显示大小下中文手写输入框位置设计的问题。

3.2　研究问题和研究假设

根据 3.1 节中的讨论，本书具体研究问题描述如下：

研究问题 1：手指属性（划分、长度、宽度）是否影响中文手写的人机交互？其影响程度如何评价？中文特性（笔画方向、笔画数、汉字结构）是否影响中文手写的人机交互？其影响程度如何评价？

正如第 2 章中讨论过的，使用拇指和使用食指进行手写输入是不同的。相对食指来说，拇指短而粗，运动范围更小，所以食指输入的绩效水平可能高于拇指输入的绩效水平。同时，手指的长度和宽度存在个体差异，较长的手指活动范围大，较宽的手指在手写输入时的遮挡更多，这些都会影响到中文手写的人机交互过程，所以较长和较窄的手指可能在手写输入时的绩效会更高。另一方面，手指划分、长度、宽度的不同也很可能会影响到手写输入的主观评价。由于手指划分、长度和宽度在手写绩效上的表现不一，故在满意度和工作负荷方面的评价存在差异。

在文字特点方面，汉字由笔画和部首构成。汉字的笔画有 4 个书写方向——水平方向、垂直方向、左下方向、右下方向，汉字的笔画都可以归纳为这 4 个方向。手部的结构使得手指完成与拇指骨头一致的方向时更为灵活。垂直方向的笔画与手指更为灵活的运动方向较为一致，所以此方向的笔画在书写时的绩效水平可能更高。以笔画数来说，复杂汉字笔画数多，结构复杂，在手写输入时的绩效水平可能较低。从汉字结构来说，不同的汉字结构在手写输入时的动作区域不一样，所以其绩效水平表现应该有所不同。

鉴于此，关于研究问题 1 的研究假设表述如下：

研究假设 1.1：手指划分会影响中文手写的人机交互。具体来说，使用拇指进行中文手写输入的绩效指标和主观评价指标会低于使用食指进行中文手写输入的绩效指标和主观评价指标。绩效更优意味着输入时间更短，准确率更高，触框次数更少；主观评价指标更高意味着满意度更高，工作负荷更低（下同，不再重复）。

研究假设 1.2：手指长度会影响中文手写的人机交互。具体来说，使用更长的手指进行中文手写输入的绩效指标和主观评价指标会更优。

研究假设 1.3：手指宽度会影响中文手写的人机交互。具体来说，使用宽度更小的手指进行中文手写输入的绩效指标和主观评价指标会更优。

研究假设1.4：汉字笔画数会影响中文手写的人机交互。汉字笔画数越少，中文手写输入的绩效指标更高。

研究假设1.5：笔画方向会影响中文手写的人机交互。不同方向的汉字笔画会有不同的绩效，垂直方向的笔画对应更好的手写绩效。

研究假设1.6：汉字结构会影响中文手写的人机交互。不同结构的汉字会有不同的绩效。

研究问题2：输入框大小和位置是否会影响中文手写人机交互？其影响程度如何评价？在不同的输入方式和显示大小之下，输入框大小和位置的界面设计应该如何考虑？

现有研究已经证明，输入框的大小会影响到中文手写的绩效和主观评价的优劣，输入框的位置则会影响智能手持设备上触控操作的绩效。但是却少有研究探索不同输入方式和显示大小之下输入框的最优大小和位置。输入框尺寸较大时，手指活动受到的局限更小，所以手写绩效和主观评价会有所提升。但是同时，用户在大尺寸输入框中会倾向于书写较大的汉字，使得书写的笔画长度增加，书写范围增加，从而导致手写绩效和主观评价下降。所以权衡两方面的影响，输入框应该存在一个最优大小，使得手写绩效和主观评价达到最优。而对输入框位置来说，现有智能手持设备上的输入框位置多凭业界经验设计，一般位于屏幕的下部。不过这种设计并未得到学术界研究结果的支持，且不同输入方式和显示大小下，输入框位置的最优设计也可能会有所不同。

鉴于此，关于研究问题2的研究假设表述如下：

研究假设2.1：输入框大小会影响中文手写的人机交互。输入框大小有一个最优值，在这个大小下，中文手写的绩效和主观评价最高。

研究假设2.2：输入框位置会影响中文手写的人机交互。输入框位置有一个最优值，在这个位置下，中文手写的绩效和主观评价最高。

研究假设2.3：输入方式会影响中文手写的人机交互。存在一种最优的输入方式，使得在这种输入方式下，中文手写的绩效和主观评价最高。

研究假设2.4：显示大小会影响中文手写的人机交互。显示大小有一个最优值，在这个大小下，中文手写的绩效和主观评价最高。

研究问题3：针对中文手写人机交互，更为有效的评价指标有哪些？如何进行中文手写系统的设计以提高这些评价指标？

值得一提的是，客观测量指标和主观评价指标都是衡量人机交互过程中非常重要的指标。在不同的手写输入情境之下，用户会用不同的绩效指标评价手写输入人机交互。例如，输入时间很关键，不过并非所有用户都在乎输入时间，部分用户则更享受手写输入的过程本身。准确率是所有人机交互系统设计都颇为关注的指标。触框次数会影响用户手写字迹的识别。重写次数则会影响书写的疲劳程度。另外，用户对于手写输入人机交互过程的满意度、工作负荷和偏好程度也可能存在差异。

实验一旨在回答研究问题1中手指和文字特性对于中文手写人机交互的影响。实验二和实验三旨在回答研究问题2，其中实验二侧重于验证研究假设2.1，实验三侧重于验证研究假设2.2；实验二和实验三的结果共同验证研究假设2.3和研究假设2.4。基于第2章和三个实验的结果讨论，本研究会进一步回答研究问题3。

第4章　实验一：手指属性和中文特性影响实验

4.1　本章导论

实验一的研究目的是探索手指属性(划分、长度、宽度)和中文特性(笔画方向、笔画数、汉字结构)对于中文手写人机交互的影响。中文手写人机交互的评价包括绩效和主观评价，据此建立了基于手指属性和中文特性的中文手写人机交互基础模型。实验一旨在回答研究问题1(手指属性和中文特性是否影响中文手写人机交互的绩效和主观评价?)和验证假设1.1～1.6。

4.2　研究方法

4.2.1　实验设计

实验一是组内组间的混合设计实验。组内变量有4个：手指划分(finger type，FT)、笔画方向(direction，DI)、笔画数(number of strokes，NS)、汉字结构(Chinese structure，CS)。组间变量有2个：手指长度(finger length，FL)、手指宽度(finger width，FW)。手指划分包括2个水平，拇指输入和食指输入。根据中国现行国家标准[51]，手指长度被分为低(拇指长度≤56 mm，食指长度≤84 mm)、中(拇指长度：56～62 mm，食指长度：84～92 mm)、高(拇指长度≥62 mm，食指长度≥92 mm)3个水平。手指宽度也被分为低(拇指宽度≤18 mm，食指宽度≤14 mm)、中(拇指宽度：18～21 mm，食指宽度：14～16 mm)、高(拇指宽度≥21 mm，食指宽度≥16 mm)3个水平。笔画方向有4个水平，分别是水平方向、垂直方向、左下方向、右下方向。类似中文阅读中对于笔画数的划分，汉字笔画数分为3个水平，分别是简单(笔画数小于8)、中等(笔画数8～13)、复杂(笔画数大于13)。汉字结构分为4个水平，分别是左右结构(例如“海”或者“树”)、上下结构(例如“吴”或者“售”)、包围结构(例如“围”或者“凰”)、独体字(例如“十”或者“木”)。中文特性的3个因素应该有48种汉字类型(4个笔画方向×3个笔画数水平×4种汉字结构)，但是在现代常用汉语字库中，48种汉字类型中仅有39种存在常用汉字[113,114]。实验一运用了拉丁方设计对39种汉字类型进行书写顺序设计，以避免书写顺序对于实验的影响。因变量有6个：输入时间(time，Ti)、准确率(accuracy，Ac)、触框次数(number of protruding strokes，NP)、满意度(satisfaction，Sa)、工作负荷(mental workload，MW)。由于中文手写人机交互客观指标和主观指标的测量方式不同(详见4.2.4小节实验流程)，即客观指标是针对每个汉字进行测量，主观指标是针对每个手写任务进行测量，故需要对客观指标和主观指标采取不同的线性模型进行分析。对于输入时间、准确率、触框次数这3个因变量，采用公式(4-1)中的一般线性模型(general linear model)予以分析，对于满意度和工作负荷，采用公式(4－2)中的一般线性模型予以分析。本研究将在结果中主要讨论因素的主效应和与手指划分相关的二阶交互效应。

$$Y=\mu+FT+FL+FW+Di+NS+CS+FT\times FL+FT\times FW+\varepsilon \tag{4-1}$$

其中，Y 为因变量；μ 为模型常量；ε 为残差。

$$Y=\mu+FT+FL+FW+FT\times FL+FT\times FW+FT\times FL\times FW+\varepsilon \tag{4-2}$$

其中，Y 为因变量；μ 为模型常量；ε 为残差。

4.2.2 实验被试

实验一邀请了39名工科背景的学生参与(20名女性，19名男性)，其中，15名被试为高年级大学本科生，另外24名被试为研究生。对于触控设备上手指的使用偏好来说，15名被试偏好使用食指进行触控操作，24名被试偏好使用拇指。对于触控设备输入来说，21名被试偏好单手触控操作，18名被试偏好双手操作。39名被试中，31名被试曾经或者正在使用手持触控设备。被试年龄从19岁到28岁不等，身体健康状况良好，均为右利手，无手部运动障碍。在正式实验前，被试均未进行长时间的激烈运动(例如打篮球、键盘文本输入等)，以避免手部疲劳对于正式实验中手写输入的影响。其他被试相关信息如表4.1所列，表中包括均值(mean)和标准差(standard deviation)。实验一中手指尺寸测量方式为：拇指长度，是拇指掌指关节至拇指指端的距离；拇指宽度，是拇指指间关节最宽处的长度；食指长度，是食指掌指关节至食指指端的距离；食指宽度，是食指远位指关节最宽处的长度；手掌长度，是手掌底端中心至中指指根的距离，从手掌内侧测量；手掌宽度，为手掌最宽处的宽度(实验二、实验三的测量方式与此一致)。所有手部尺寸的测量采用游标卡尺完成，游标卡尺精度为0.02 mm，本研究对于手部尺寸测量数据保留到0.1 mm。

表4.1 实验一用户背景信息描述

项　目	均　值	标准差
年龄/岁	22.6	1.9
汉字书写经验/岁	17.8	2.2
汉字熟悉水平(参考中国高考语文水平)	119.0	7.9
拇指长度/mm	59.90	5.17
拇指宽度/mm	19.51	1.75
食指长度/mm	89.28	6.71
食指宽度/mm	15.13	1.22

4.2.3 实验任务

实验一共有39种类型169个汉字作为实验任务。被试需要通过拇指和食指分别输入169个汉字。表4.2所列为39种汉字类型的示例，这些汉字的挑选依据为关于中文特性的3个变量：笔画方向、笔画数和汉字结构。20名被试将首先用拇指手写输入169个汉字，然后用食指输入169个汉字。另外19名被试则相反，即首先使用食指输入，再用拇指输入。实验一中每位被试会经历两次手写输入169个汉字。总的实验汉字数为13 182(169×39×2)个。

表 4.2 实验一实验任务的汉字示例

笔画方向	笔画数	结 构	汉字示例	笔画方向	笔画数	结 构	汉字示例
水平	简单	左右	孔	左下	简单	左右	仍
水平	简单	上下	艺	左下	简单	上下	冗
水平	简单	包围	区	左下	简单	包围	凤
水平	简单	独体	十	左下	简单	独体	八
水平	中等	左右	取	左下	中等	左右	股
水平	中等	上下	奈	左下	中等	上下	命
水平	中等	包围	建	左下	中等	包围	周
水平	复杂	左右	摧	左下	复杂	左右	缥
水平	复杂	上下	嘉	左下	复杂	上下	算
水平	复杂	包围	断	左下	复杂	包围	魅
垂直	简单	左右	比	右下	简单	左右	计
垂直	简单	上下	冗	右下	简单	上下	六
垂直	简单	包围	冈	右下	简单	包围	凶
垂直	简单	独体	卜	右下	简单	独体	丫
垂直	中等	左右	叔	右下	中等	左右	泡
垂直	中等	上下	兕	右下	中等	上下	单
垂直	中等	包围	幽	右下	中等	包围	疚
垂直	复杂	左右	慢	右下	复杂	左右	漆
垂直	复杂	上下	睿	右下	复杂	上下	裹
				右下	复杂	包围	遮

4.2.4 实验流程

实验操作人员会首先向被试介绍实验的目的、任务、流程以及实验中涉及的设备。如果被试同意继续参与实验，被试会签署实验知情同意书(如附录B所示)。然后被试会填写一份个人背景信息问卷，内容包括年龄、性别、教育背景、中文书写经验、个人电脑使用经验和手写经验。接下来实验操作人员测量被试的手指尺寸，包括手指的长度和宽度。被试通过手写练习任务熟悉实验设备和界面，练习时间为5分钟。然后被试开始用拇指或者食指手写输入完成第一项任务。整个手写输入过程之中，表面肌电测量设备都会记录被试的手部肌电数据。第一项手写任务完成后，被试填写工作负荷问卷、满意度问卷(7分李克特量表，如附录E所示)。工作负荷问卷以NASA-TLX量表[115,116]为基础(详见附录D)。5分钟的休息之后，被试用食指或者拇指手写输入第二项任务，完成后依然填写工作负荷问卷、满意度问卷。实验一流程如图4.1所示，实验一总时间为30～50分钟。

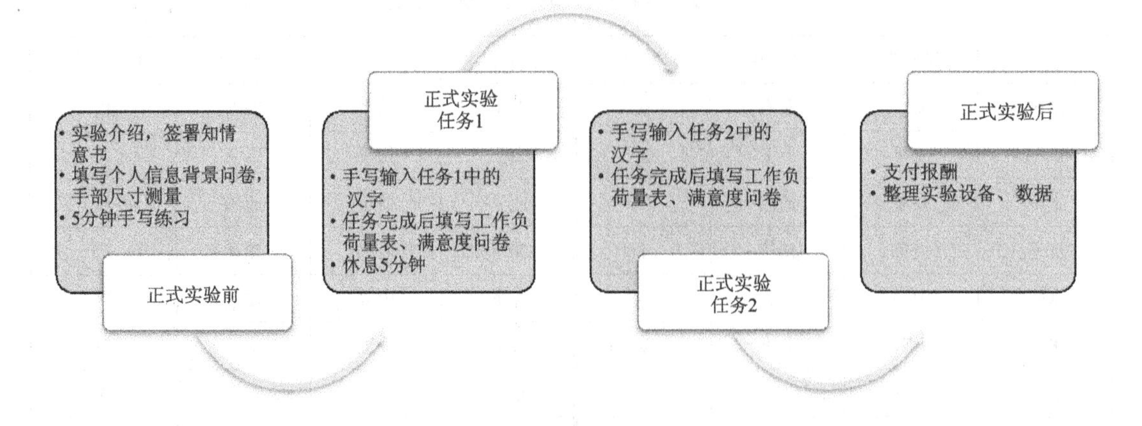

图 4.1 实验一流程示意图

4.2.5 实验设备

实验一程序在 iOS 系统上使用 Objective-C 语言编写而成。中文手写的汉字识别采用开源的 OCR 库[117]。实验在采用电容触控屏的 3.5 英寸的 iPod 3 上进行，屏幕分辨率为 480 像素×320 像素。实验界面如图 4.2 所示。界面左上角是待输入汉字的提示，输入区域在屏幕中心，大小为 25 mm×25 mm。界面右面有两个按键：一个是重写按键，如果被试觉得自己写得不好，可以点击重写按键重新输入刚才的汉字；另一个是下一个按键，点击之后会进入下一个汉字的输入界面。

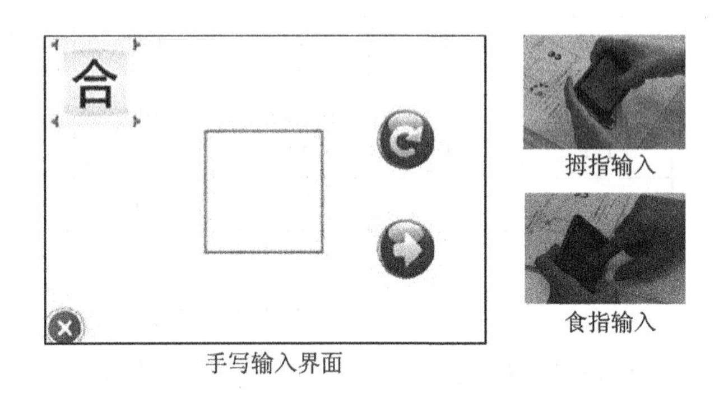

图 4.2 实验一操作界面和输入姿势

因变量中，输入时间、准确率、触框次数由实验程序直接测量，工作负荷和满意度由问卷测量。同时，实验程序还会将被试手写的轨迹存为图片以进一步分析手写区域。输入时间的记录包括两个方面，一方面是每个汉字的输入时间，另一方面是首笔的输入时间。如果识别的汉字与待书写的汉字一致，则判断这个汉字书写正确，记为 1，如果不一致则记为 0。被试输入每个汉字时碰到输入框四个边框的次数会被分别统计，触到四个边框的次数之和为触框次数。

4.3 结果与讨论

4.3.1 输入时间

实验一中考虑的输入时间包括两种，一种是单个汉字的输入时间，另一种是第一笔的输入时间，用以衡量不同方向的第一笔在输入时间上是否存在差异。所以接下来会从这两个方面对输入时间进行分析。

1. 单字输入时间

表4.3给出了单字平均输入时间的描述性统计结果和多因素方差分析(analysis of variance，ANOVA)。结果显示，手指划分(拇指输入和食指输入)、手指长度、手指宽度、笔画数、汉字结构对于单字输入时间有显著的主效应(统计检验 P 值小于 0.1)；手指划分×手指长度和手指划分×宽度有显著的二阶交互效应；拇指单字平均输入时间为 2.80 s，而食指单字平均输入时间则为 2.42 s；对于低、中、高三个水平的手指长度来说，单字平均输入时间分别为 2.68 s、2.46 s、2.72 s；对于低、中、高三个水平的手指宽度来说，单字平均输入时间分别为 2.66 s、2.47 s、2.76 s；简单(2～7笔)、中等(8～13笔)、复杂(14～19笔)的单字平均输入时间分别为 2.61 s、2.59 s、2.71 s，可以看出，复杂汉字(14～19笔)的单字平均输入时间显著高于其他两个笔画数水平的汉字；左右结构、上下结构、包围结构和独体字的单字平均输入时间分别为 2.63 s、2.64 s、2.62 s 和 2.57 s。独体字的单字平均输入时间显著小于其他三种结构的汉字。

表4.3 实验一单字输入时间的统计分析结果

s

变量		描述性统计		多因素方差分析	
		均值	标准差	F 值	P 值
手指划分	拇指	2.80	0.75	6.35	0.01*
	食指	2.42	0.59		
手指长度	低	2.68	1.74	28.44	<0.001*
	中	2.46	1.67		
	高	2.72	1.97		
手指宽度	低	2.66	1.76	21.25	<0.001*
	中	2.47	1.71		
	高	2.76	1.94		
手指划分×手指长度	低（拇指）	1.92	0.96	4.58	0.01*
	中（拇指）	1.82	0.86		
	高（拇指）	1.90	0.94		
	低（食指）	1.78	0.80		
	中（食指）	1.45	0.59		
	高（食指）	1.69	0.84		

续表 4.3

变　量		描述性统计		多因素方差分析	
		均　值	标准差	F 值	P 值
手指划分×手指宽度	低（拇指）	1.82	0.86	3.57	0.03*
	中（拇指）	1.79	0.93		
	高（拇指）	2.03	0.96		
	低（食指）	1.73	0.75		
	中（食指）	1.56	0.72		
	高（食指）	1.69	0.85		
笔画方向	水平	2.65	1.83	0.46	0.71
	垂直	2.58	1.76		
	左下	2.64	1.81		
	右下	2.61	1.84		
笔画数	2～7	2.61	1.79	9.94	<0.001*
	8～13	2.59	1.78		
	14～19	2.71	1.9		
汉字结构	左右	2.63	1.85	2.41	0.06*
	上下	2.64	1.81		
	包围	2.62	1.79		
	独体字	2.57	1.76		

* 表示该水平显著。

平均来说，拇指的输入时间比食指的输入时间更长，所以拇指输入在界面设计时需要更为细致的考虑。例如，拇指输入的输入框大小不应与食指输入的一致。实验一结果显示尺寸大的手指(更长、更宽)会在手写输入时有更长的输入时间，但是输入准确率更高，触框次数更少。原因可能是当被试受限于手指尺寸需要花费更多时间输入时，也同时付出更高的注意力，使得输入更为精确，从而提高准确率，减少触框次数。这个推测在观测实验被试的手写录像时得到了证实。此前的研究很少在中文手写过程中考虑手指尺寸的影响，针对不同尺寸手指的最佳界面设计如输入框大小或者位置目前尚不清楚。因而，采用可以调整大小的输入框的设计方式会是一种不错的思路。手写用户可以根据他们手指的尺寸调整输入框的大小和位置，从而选择最为舒适的输入姿势。这在第 2 章中已经讨论过。

对于汉字结构来说，多因素方差分析的结果显示，独体字的输入时间显著低于其他三种类型的汉字的输入时间。这是由汉字的特点决定的，几乎所有的独体字都是简单汉字，笔画数一般在 8 以下。笔画数超过 8 的汉字极少是独体字，均由多个部首组成。独体字的笔画数显著小于其他三种汉字结构的汉字，这导致其输入时间较短。

多因素方差分析结果显示简单汉字的输入时间并没有显著低于中等汉字，即笔画数为2～7 的汉字的平均输入时间和笔画数为 8～13 的汉字的平均输入时间无显著差别(p 值＝0.45)。导致这种结果的主要原因可能有两个。第一个原因是，笔画数较少时，被试手写输入更为仔细认真，而在笔画数更多时，被试手写输入的速度增加。从三种水平的笔画数的汉字分别对应的平均输入时间可以看出，被试在输入复杂汉字时确实提高了输入速度，使得平均输入时间和笔画数之间的线性关系减弱。被试对于每个字的输入时间可能存在一个预期值(expected input time)，当被试感觉实际输入时间低于期望值时，被试会更为仔细地输入汉字，以求达到更好的手写效果，而被试感觉实际输入时间超过期望值时，被试会加速手写过程，以尽快完成手写过程。不过这是本书对于被试心理活动的一个推测，其进一步验证需要通过其他研究方法如访谈来进行。第二个原因是，每个被试都有特定的手写区域(handwriting area)，所以用户可能会为了保持特定的手写区域，把简单的汉字的每笔每画写得更宽更长，这也会增加手写输入时间。毕竟书写复杂汉字会增加手写输入的难度，所以在中文手写系统的设计中，设计者应该考虑尽量避免用户输入过于复杂的汉字，例如可以通过检测已经输入的笔画数和结构判断用户是否正在输入复杂汉字，然后通过计算机辅助被试完成汉字的输入。

- 设计建议：避免在手写输入中输入过于复杂的汉字。

2. 首笔输入时间

表 4.4 给出了首笔输入时间的描述性统计分析结果和多因素方差分析结果。结果显示，手指划分、手指长度、手指宽度、手指划分×手指长度、手指划分×手指宽度、首笔书写方向对首笔输入时间有显著的影响；拇指的首笔平均输入时间为 0.28 s，而食指的首笔平均输入时间为 0.25 s；对于低、中、高三个水平的手指长度来说，单字平均输入时间分别为 0.26 s、0.26 s、0.27 s；对于低、中、高三个水平的手指宽度来说，单字平均输入时间分别为 0.26 s、0.23 s、0.29 s；水平、垂直、左下、右下四个方向起笔的汉字的首笔平均输入时间分别为 0.25 s、0.26 s、0.28 s、0.25 s，显然，以左下方向起笔的汉字的首笔平均输入时间要大于其他三种方向起笔的汉字。

表 4.4　实验一首笔输入时间的统计分析结果

s

变量		描述性统计		多因素方差分析	
		均值	标准差	F 值	P 值
手指划分	拇指	0.28	0.19	48.22	$<0.001^*$
	食指	0.25	0.18		
手指长度	低	0.26	1.81	7.55	$<0.001^*$
	中	0.26	0.17		
	高	0.27	0.19		
手指宽度	低	0.26	0.19	35.09	$<0.001^*$
	中	0.23	0.15		
	高	0.29	0.21		
手指划分×手指长度	低（拇指）	0.26	0.16	7.40	$<0.001^*$
	中（拇指）	0.29	0.22		
	高（拇指）	0.28	0.19		
	低（食指）	0.26	0.18		
	中（食指）	0.22	0.14		
	高（食指）	0.26	0.20		

续表 4.4

变 量		描述性统计		多因素方差分析	
		均 值	标准差	*F* 值	*P* 值
手指划分×手指宽度	低（拇指）	0.27	0.18	6.02	<0.001*
	中（拇指）	0.24	0.16		
	高（拇指）	0.32	0.22		
	低（食指）	0.25	0.19		
	中（食指）	0.22	0.14		
	高（食指）	0.27	0.20		
笔画方向	水平	0.25	0.20	7.31	<0.001*
	垂直	0.26	0.19		
	左下	0.28	0.17		
	右下	0.25	0.18		
笔画数	2～7	0.26	0.18	0.35	0.71
	8～13	0.26	0.19		
	14～19	0.26	0.19		
汉字结构	左右	0.26	0.19	0.96	0.41
	上下	0.27	0.20		
	包围	0.25	0.17		
	独体字	0.26	0.17		

* 表示该水平显著。

在手指输入的动作中，水平、垂直、右下是手指输入最为舒服的方向，特别是对于拇指输入来说，手指在这三个方向的运动更为流畅和自然。所以，如果中文手写系统能够辅助用户进行左下方向笔画的书写，则会改善用户的手写绩效。例如，当用户开始手写某一笔画时，系统可以判定被试想要手写的方向从而帮助被试完成这一笔。不过，实验一的结果并没有显示手指划分和首笔方向对首笔输入时间有显著的交互效应，尽管现有的文献显示拇指和食指在尺寸、运动能力、自由度方面都存在诸多差异，但是拇指输入和食指输入的手写活动十分类似。运动一致性理论（motor constancy theory）可以解释这种现象，不论活动中包含多少个人体关节或者自由度，手写运动的轨迹都是类似的[104,118]。

4.3.2 准确率

表 4.5 给出了关于准确率的描述性统计分析结果和多因素方差分析结果。结果显示，手指划分、手指长度、手指宽度、手指划分×手指长度、手指划分×手指宽度、首笔书写方向、笔画数和汉字结构对于准确率有显著的影响；拇指输入的准确率为 68%，而食指输入的准确率为 73%；对于低、中、高三个水平的手指长度来说，准确率分别为 73%、67%和 72%；对于低、中、高三个水平的手指宽度来说，准确率分别为 70%、70%和 72%；水平、垂直、左下、右下四个方向起笔的汉字的准确率分别为 71%、72%、73%和 67%，显然，以捺起笔的汉字的准确率显著低于其他三个方向起笔的汉字；简单、中等、复杂三种笔画数的汉字的准确率分别为 74%、

67%和 71%，其中，中等笔画数的汉字的准确率显著低于其他两类汉字；左右结构、上下结构、包围结构和独体字的准确率分别为 72%、67%、73%和 73%，上下结构的汉字的准确率显著低于其他三种结构的汉字。

表 4.5　实验一准确率的统计分析结果

%

变　量		描述性统计分析		方差分析	
		均　值	标准差	F 值	P 值
手指划分	拇指	68	12	4.15	0.05*
	食指	73	11		
手指长度	低	73	44	25.90	<0.001*
	中	67	47		
	高	72	45		
手指宽度	低	70	46	8.79	0.02*
	中	70	46		
	高	72	45		
手指划分×手指长度	低（拇指）	69	46	6.63	<0.001*
	中（拇指）	64	48		
	高（拇指）	72	45		
	低（食指）	76	43		
	中（食指）	73	45		
	高（食指）	72	45		
手指划分×手指宽度	低（拇指）	67	47	4.61	0.01*
	中（拇指）	66	48		
	高（拇指）	73	44		
	低（食指）	75	44		
	中（食指）	75	44		
	高（食指）	72	45		
笔画方向	水平	71	45	3.34	0.02*
	垂直	72	45		
	左下	73	45		
	右下	67	47		
笔画数	2～7	74	44	11.67	<0.001*
	8～13	67	47		
	14～19	71	46		
汉字结构	左右	72	45	11.94	<0.001*
	上下	67	47		
	包围	73	45		
	独体字	73	45		

* 表示该水平显著。

根据实验结果，所有 6 个自变量都对准确率有显著的影响。此前的研究要么忽略了这几个因素对于准确率的影响，要么仅仅是研究了其中个别因素。基于实验一的结果，未来中文手写输入的相关研究都应该充分考虑这几个因素的影响。

• 设计建议：考虑手指属性、中文特性的 6 个因素在中文手写人机交互中的影响。

4.3.3 触框次数

表 4.6 给出了关于触框次数的描述性统计分析结果和多因素方差分析结果。结果显示，手指划分、手指长度、手指宽度、手指划分×手指长度、手指划分×手指宽度、首笔书写方向和笔画数对触框次数有显著的影响；拇指输入的平均触框次数为 0.17，而食指输入的平均触框次数则为 0.14；对于低、中、高三个水平的手指长度来说，平均触框次数分别为 0.14、0.16 和 0.16，其中，低水平的手指长度对应最低的触框次数；对于低、中、高三个水平的手指宽度来说，平均触框次数分别为 0.14、0.15、0.17，其中，高水平的手指宽度对应最高的触框次数；水平、垂直、左下、右下四个方向起笔的汉字的平均触框次数分别为 0.18、0.14、0.15 和 0.15，其中，以横起笔的汉字会导致最高的触框次数；简单、中等、复杂三种汉字笔画数水平的平均触框次数分别为 0.15、0.15 和 0.17，其中，复杂汉字会导致最高的触框次数。另外，多因素方差分析的结果显示，在输入框四个边框每边的触框次数上，所有自变量没有显著的主效应。

表 4.6 实验一触框次数(每字)的统计分析结果

变　量		描述性统计分析		多因素方差分析	
		均　值	标准差	F 值	P 值
手指划分	拇指	0.17	0.48	14.68	<0.001*
	食指	0.14	0.42		
手指长度	低	0.14	0.47	3.51	0.03*
	中	0.16	0.48		
	高	0.16	0.42		
手指宽度	低	0.14	0.49	6.48	<0.001*
	中	0.15	0.45		
	高	0.17	0.42		
手指划分×手指长度	低（拇指）	0.24	0.63	19.94	<0.001*
	中（拇指）	0.34	0.72		
	高（拇指）	0.44	0.52		
	低（食指）	0.22	0.58		
	中（食指）	0.30	0.50		
	高（食指）	0.36	0.62		

续表 4.6

变 量		描述性统计分析		多因素方差分析	
		均 值	标准差	F 值	P 值
手指划分×手指宽度	低（拇指）	0.25	0.69	3.55	0.03*
	中（拇指）	0.34	0.65		
	高（拇指）	0.41	0.53		
	低（食指）	0.26	0.58		
	中（食指）	0.29	0.56		
	高（食指）	0.33	0.59		
笔画方向	水平	0.18	0.48	2.77	0.04*
	垂直	0.14	0.43		
	左下	0.15	0.44		
	右下	0.15	0.45		
笔画数	2～7	0.15	0.44	2.41	0.09
	8～13	0.15	0.44		
	14～19	0.17	0.50		
汉字结构	左右	0.16	0.46	0.95	0.41
	上下	0.15	0.44		
	包围	0.17	0.47		
	独体字	0.15	0.44		

*表示该水平显著。

总体来说，拇指输入的触框次数显著大于食指输入的触框次数，所以针对拇指输入，中文手写系统应该特别考虑和设计。但是目前的研究者较少关注到这一方面。触框次数这一指标有助于改善界面设计中的三个重要因素：大小、位置和形状。在理想的输入框中，用户应该极少触及输入边框，触框次数几乎可以忽略。实验一中，触框次数少于0.2，意味着每手写输入10个汉字，会有2次触到边框。另外，综合考虑实验一输入时间、准确率、触框次数的结果，25 mm×25 mm的输入框是否足够中文手写输入值得进一步讨论。根据中国国家标准的统计数据，中国人拇指和食指的平均长度分别为18 mm和16 mm(男性)以及17 mm和15 mm(女性)[51]，Tu和Ren建议的触控设备的最佳手写输入框大小为25 mm×25 mm[100]。那么，中国男性使用拇指输入时可能会感觉输入框过小。因为汉字笔画的方向性，手指需要在不同的方向运动，所以估计30 mm×30 mm的输入框应该是手写输入框大小的最低标准。这在上面讨论关于触框次数的实验结果中得到了体现。另外，拇指输入的输入框应该大于食指输入的输入框。

- 设计建议：手写输入框应不小于30 mm×30 mm。

4.3.4 满意度

满意度问卷的结果(见表4.7)显示了被试对于拇指输入和食指输入的偏好。满意度总体得分4.54(标准差=0.59)，拇指输入的平均满意度得分为4.52(标准差=0.64)，而食指输入的平均满意度得分为4.57(标准差=0.55)。完整描述性统计分析结果见附录E,多因素方差分析结果如表4.8所列,可见手指划分和手指尺寸(长度和宽度)对于满意度并没有显著的影响。

表 4.7 实验一满意度的描述性统计结果

变量		N	均值	标准差
手指划分	拇指输入	39	4.52	0.64
	食指输入	39	4.57	0.55
手指长度	低	25	4.77	0.48
	中	25	4.42	0.63
	高	28	4.46	0.62
手指宽度	低	24	4.71	0.46
	中	29	4.53	0.68
	高	25	4.40	0.59

表 4.8 实验一满意度的方差分析结果

类别	方差来源	自由度	F 值	P 值
组内效应	输入方式	1	1.15	0.29
	输入框大小×手指长度	2	1.66	0.21
	输入方式×手指宽度	2	2.04	0.15
	输入框大小×手指长度×手指宽度	2	1.22	0.25
	误差	30		
组间效应	截距	1	2 506.34	<0.001*
	手指长度	2	1.28	0.29
	手指宽度	2	0.12	0.88
	手指长度×手指宽度	2	1.44	0.25
	误差	30		
总计		74		

*表示该水平显著。

从满意度的角度来说,无论是拇指输入还是食指输入,被试的目标都是一致的,都希望能够减少输入时间、提高准确率,所以一旦被试感觉到输入绩效能够满足他们的预期,他们的满意度评分差异不会太大。因此,拇指输入和食指输入的被试满意程度比较类似。

4.3.5 工作负荷

工作负荷问卷的结果(见表4.9)显示平均工作负荷得分为62.62(标准差=12.21),其中,拇指输入的平均得分为63.88(标准差=12.26),而食指输入的平均得分为61.36(标准差=12.20)。完整的工作负荷的描述性统计结果见附录F。和满意度的结果类似,多因素方差分析结果(见表4.10)显示手指划分和手指尺寸(长度和宽度)对于工作负荷并没有显著的影响。

表 4.9 实验一工作负荷的描述性统计结果

变 量		N	均 值	标准差
手指划分	拇指输入	39	63.88	12.26
	食指输入	39	61.36	12.20
手指长度	低	25	66.57	11.54
	中	25	61.31	12.68
	高	28	60.26	11.93
手指宽度	低	24	62.64	11.65
	中	29	65.56	9.00
	高	25	59.19	15.21

表 4.10 实验一工作负荷的方差分析结果

类 别	方差来源	自由度	F 值	P 值
组内效应	输入方式	1	2.54	0.12
	输入框大小×手指长度	2	0.87	0.43
	输入方式×手指宽度	2	0.22	0.80
	输入框大小×手指长度×手指宽度	2	1.22	0.25
	误差	30		
组间效应	截距	1	1 156.62	<0.001*
	手指长度	2	0.05	0.96
	手指宽度	2	0.88	0.43
	手指长度×手指宽度	2	1.03	0.37
	误差	30		
总 计		74		

*表示该水平显著。

从工作负荷的角度考虑，因为手写的汉字都是常用汉字，被试对这些汉字都十分熟悉，手写任务相对来说比较简单，被试的工作负荷相对并不高，所以拇指输入和食指输入工作负荷水平相当。

综合讨论满意度和工作负荷的结果可知：尽管拇指输入和食指输入在输入时间、准确率、触框次数之间存在显著差异，但在满意度和工作负荷方面不能证明被试的拇指输入和食指输入存在显著差异；另外，手指尺寸并没有显著影响手写的满意度和工作负荷。有学者利用问卷访谈建立了拇指尺寸和文字输入(text entry)满意度之间的联系[74]。Balakrishnan 和 Yeow 的研究结果显示，在移动设备的键盘上，拇指的尺寸对文字输入的满意与否有显著影响，尤其是对大尺寸拇指的用户来说。这似乎与实验一的结果相悖，产生这种差异的主要原因有两个，一是实验一是手写输入，而 Balakrishnan 和 Yeow 研究的是键盘输入；二是中国文化对于不满意的容忍度较其他文化更高[119,120]，所以不同手指尺寸的用户满意度并没有明显差异，趋向中等水平。更为深层次的原因，还需要未来研究者采用其他方法如问卷或者访谈来进一步验证。

4.3.6 手写区域

本研究将随机抽取的5名被试的169个字的手写字痕迹叠加，得到图4.3所示的手写区域。这些手写区域显示出一些共性：① 手写区域呈现扇形；② 输入框左上角和右上角较少被触及；③ 左上角未被触及的区域面积大于右上角的。

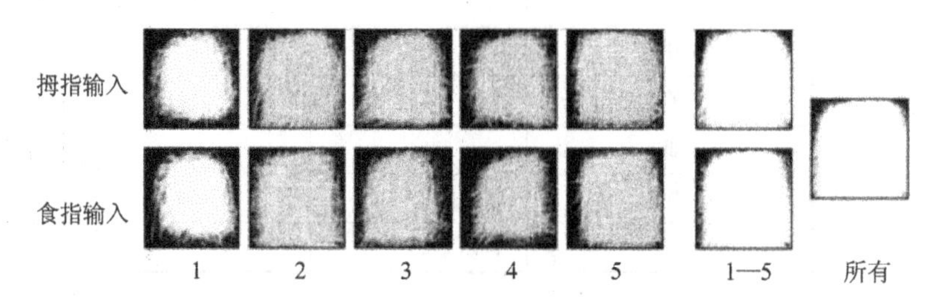

图4.3 实验一手写区域分析图

实验一手写区域分析图显示每位被试都有其独特的手写区域。手写区域的差异有可能是由身体姿势、手势和动作的细微差异造成的。例如，被试可以选择只动手指或者同时动用手指和手腕来完成手写输入。尽管存在个体差异，被试手写区域的形状也存在共性，并且被试拇指输入和食指输入的手写区域的形状也相似。拇指输入和食指输入的相似性可以由运动一致理论来解释。鉴于现在的文献较少关注手写区域，所以在中文手写人机交互中进一步探索手写区域很有必要。笔迹鉴别(writer identification)是一个重要的研究方向[121,122]，实验一结果显示，手写区域很有可能是另一个笔迹识别指标(writer identifier)，如果能够利用手写区域的个体差异进行笔迹识别，则可以帮助提高笔迹识别的绩效。进一步来说，基于手写区域识别用户不会受到手部运动特性的影响。以拇指输入和食指输入为例，因为拇指和食指拥有的关节数不一样，运动自由度和幅度并不一样，最终会呈现出差异的运动特性。倘若利用单个字进行用户识别，识别结果容易受到拇指和食指本身运动特性差异的影响。实验一结果意味着可以存在消除这种运动特性差异影响的可能性，那就是利用手写区域识别，因为不论活动中包含多少个人体关节或者自由度，手写运动的轨迹都是相当的[104,118]。

4.4 本章小结

实验一探索了手指属性(划分、长度和宽度)和中文特性(笔画方向、笔画数和汉字结构)对于中文手写人机交互的影响。结果显示，所有这些因素都对中文手写人机交互绩效有显著的影响。实验一测量了作为评价中文手写人机交互指标的输入时间、准确率、触框次数、满意度和工作负荷，详细讨论了手指属性和中文特性是如何通过这些衡量指标影响中文手写人机交互的，并建立了中文手写人机交互基本模型，如图4.4所示。基于实验一的结果和讨论，关于移动触控设备上的设计建议总结如表4.11所列。

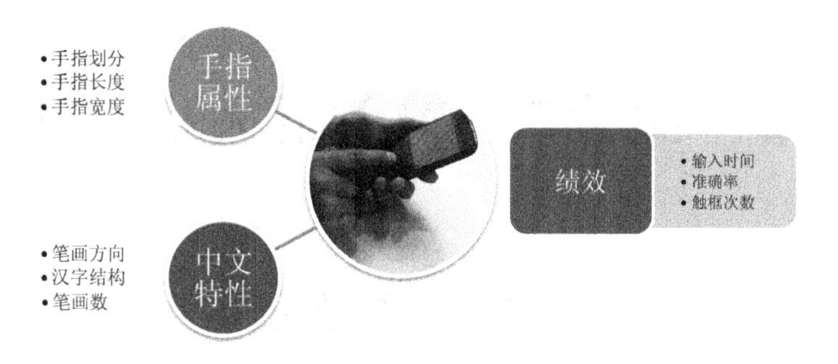

图 4.4　中文手写人机交互基本模型

表 4.11　基于实验一的中文手写人机交互系统可用性设计建议

因　素	可用性设计建议	可改善的中文手写绩效指标
手指划分	拇指输入需要更大的输入面积	输入时间、准确率、触框次数、满意度、工作负荷
	拇指和食指输入的手写输入位置有别	
手指尺寸（长度、宽度）	最小输入框建议：30 mm×30 mm	输入时间、准确率、触框次数
	可以调整的输入框	
笔画方向	帮助用户书写左下方向的笔画	输入时间、准确率、触框次数
笔画数	避免用户书写过于复杂的汉字	输入时间、准确率、触框次数

第5章　实验二：输入框大小设计实验

5.1　本章导论

实验一验证了手指属性、中文特性对于中文手写人机交互的显著作用。除了手指属性和中文特性之外，中文手写交互界面也是人机交互中的一个重要议题，比如输入框大小和显示大小。但是现有文献对于中文手写界面的设计研究相对较少，而且智能触控设备的发展较快，以往的研究结论也需要重新思考，例如在当下屏幕尺寸增大的情况下，中文手写界面设计是否会发生变化。在此前提之下，本章通过实验二研究输入框大小、输入方式和显示大小对于中文手写人机交互绩效和主观评价的影响，以进一步确定最优输入框大小。实验二旨在回答研究问题2（界面设计因素是否会影响中文手写人机交互？）和研究问题3（有效的中文手写人机交互评价指标是什么？中文手写人机交互系统的可用性如何提高？），以及验证假设2.1、假设2.3和假设2.4。

5.2　研究方法

5.2.1　实验设计

实验二中的自变量包括输入框大小（input size，IS）、输入方式（input method，IM）和显示大小（display size，DS）。实验二中包括3种最为常用的输入方式：单手操作的拇指输入、双手操作的食指输入以及双手操作的触控笔输入。显示大小包括4个水平，分别是3.5英寸、5.5英寸、7.0英寸、9.7英寸。输入框大小根据显示大小来定义，有5个水平，分别是显示大小的5%、10%、15%、20%和25%，如表5.1所列。因为实验二的目的在于探索尺寸的影响，为了避免手指尺寸的影响，手指的宽度作为实验二的一个控制变量。手指宽度被分为低（拇指宽度≤18 mm，食指宽度≤14 mm）、中（拇指宽度：18～21 mm，食指宽度：14～16 mm）、高（拇指宽度≥21 mm，食指宽度≥16 mm）3个水平。实验二中将输入框置于显示屏幕的正中央。中文手写人机交互的评价指标包括手写绩效指标（输入时间、准确率、触框次数和重写次数）和主观评价指标（满意度、工作负荷、偏好程度）。除了重写次数外，实验二中的其他因变量均和实验一一致。值得说明的是，实验一中被试可以点击重写按钮清除输入痕迹重新输入，但是实验一的程序并不记录被试的重写次数，因此实验一的结果分析中并没有重写次数这一指标。但是从实验一的实验录像中发现，实验一中经常出现这样的现象：被试认为自己写得不够好，无法被识别为正确的汉字，点击重写按钮重新输入。所以本书在接下来的实验二和实验三中修改了实验程序，记录被试的重写次数作为手写绩效的指标之一。另外，由于实验二的目的之一是研究最优的输入框大小，所以被试个人偏好程度评分也作为中文手写人机交互的衡量指标之一。

表5.1 显示大小与输入框大小

显示大小/英寸	设备型号	显示大小/mm		输入框占显示面积的百分比水平/%				
				5	10	15	20	25
		长 度	宽 度	输入框边长/mm				
3.5	苹果 iPhone 4S	76.0	50.0	13.8	19.5	23.9	27.6	30.8
5.5	三星 Note 2	124.0	70.0	20.8	29.5	36.1	41.7	46.6
7.0	三星 Tab2-P3110	154.0	90.0	26.3	37.2	45.6	52.6	58.9
9.7	苹果 iPad 1	196.0	146.0	37.8	53.5	65.5	75.7	84.6

实验二采用混合实验设计的方式，输入框大小是组内因子，其他自变量是组间因子，详细的实验设计细节如表5.2所列。另外，在7.0英寸和9.7英寸的设备中，因为设备太大，所以使用单手操作的拇指输入在日常生活中非常少见，以实验中采用的7.0英寸的设备为例，其整体尺寸为长193.7 mm×宽122.4 mm×厚10.5 mm，而中国成年男性整个手部伸展开来的长和宽的均值分别为181.6 mm和80.1 mm，拇指长度53.2 mm[51]，故对于7.0英寸以上的设备来说，用户几乎无法在单手握住的同时进行拇指的手写输入动作。所以实验中将7.0英寸和9.7英寸两种显示大小中本应测试的单手操作拇指输入这一实验条件删除。此外，为了避免任务先后顺序的影响，每个实验条件下的组内任务顺序采取拉丁方设计。拉丁方任务顺序设计如表5.3所列，每个实验条件下的5名被试会被随机分配到S1、S2、S3、S4、S5顺序中的一个。

表5.2 实验二实验设计

实验条件	输入方式	手指尺寸	显示大小/英寸	被试人数
1	拇指	低	3.5	5(S1,S2,S3,S4,S5)
2			5.5	5(S1,S2,S3,S4,S5)
			7.0	/
			9.7	/
3		中	3.5	5(S1,S2,S3,S4,S5)
4			5.5	5(S1,S2,S3,S4,S5)
			7.0	/
			9.7	/
5		高	3.5	5(S1,S2,S3,S4,S5)
6			5.5	5(S1,S2,S3,S4,S5)
			7.0	/
			9.7	/

续表 5.2

实验条件	输入方式	手指尺寸	显示大小/英寸	被试人数
7	食指	低	3.5	5(S1,S2,S3,S4,S5)
8			5.5	5(S1,S2,S3,S4,S5)
9			7.0	5(S1,S2,S3,S4,S5)
10			9.7	5(S1,S2,S3,S4,S5)
11		中	3.5	5(S1,S2,S3,S4,S5)
12			5.5	5(S1,S2,S3,S4,S5)
13			7.0	5(S1,S2,S3,S4,S5)
14			9.7	5(S1,S2,S3,S4,S5)
15		高	3.5	5(S1,S2,S3,S4,S5)
16			5.5	5(S1,S2,S3,S4,S5)
17			7.0	5(S1,S2,S3,S4,S5)
18			9.7	5(S1,S2,S3,S4,S5)
19	触控笔		3.5	5(S1,S2,S3,S4,S5)
20			5.5	5(S1,S2,S3,S4,S5)
21			7.0	5(S1,S2,S3,S4,S5)
22			9.7	5(S1,S2,S3,S4,S5)
总计 22×5=110				

表 5.3 实验二输入框大小实验顺序的拉丁方设计

编　号	输入框大小顺序				
S1	A	B	C	D	E
S2	B	C	D	E	A
S3	C	D	E	A	B
S4	D	E	A	B	C
S5	E	A	B	C	D

$$Y=\mu+IS+IM+DS+IS\times IM+IS\times DS+IM\times DS+IS\times IM\times DS+\varepsilon \quad (5-1)$$

其中,Y 为因变量;μ 为模型常量;ε 为残差。

实验二中,对于各个因变量,采用公式(5-1)中的一般线性模型(general linear model)予以分析。本研究将在结果中主要讨论各因素的主效应和二阶交互效应。

5.2.2 实验被试

实验二邀请了 110 名学生被试参与实验。其中,40 名为男性,70 名为女性。被试年龄从 19 岁到 28 岁不等,身体状况良好,均无手部运动障碍,且在正式实验前避免参与过于激烈的手部运动(例如打篮球、长时间进行键盘输入),以免影响手部乃至手指的运动能力。其他实验被试的背景信息如表 5.4 所列。90.0%的实验被试(99 人)此前有过触控设备的使用经历,对于触控操作比较熟悉。另外10.0%的实验被试(11人)此前没有触控设备使用经历，但是通过正式实验前的5分钟练习任务，被试可以熟悉触控设备的操作。被试背景信息调查结果显示所有110名被试都在中国出生和接受中文教育，并全都通过了高考语文的考核，成绩合格，所以被试对于中文的纸笔书写过程都非常熟练。因为本书研究中的触控操作相对简单，又和中文的纸笔书写任务类似，加之通过练习任务熟悉触控设备，所以缺乏触控设备使用经验对于本书研究的实验结果影响非常之小。在邀请被试的过程中，本研究筛除了只能用左手进行纸笔中文书写的被试候选人。正式实验的被试中，7.3%的被试(8人)更习惯用左手进行纸笔中文书写，但是这8位被试同时也能用右手进行流畅的中文书写，所以书写惯用手对于本书的实验结果影响不大。表中手部尺寸数据的测量依据4.2.2小节中手部尺寸测量方法，此处不再重复。

表5.4 实验一被试背景信息描述

项目	背景信息描述
年龄	均值23.6，标准差2.9
专业	工科背景97.3%，其他2.7%
学历	本科52.7%，硕士38.2%，博士18.2%
有无触控设备使用经验	90.0%有触控设备使用经验，10.0%没有
触控设备使用时间	57.3%有6个月以上的触控设备使用经验
触控设备操作惯用手	80.0%惯用右手进行触控操作，20.0%惯用左手
触控设备操作惯用手指	45.6%惯用食指，48.2%惯用拇指，6.4%惯用中指
写字惯用手	92.7%惯用右手写字，7.3%惯用左手
高考语文成绩	100%高考语文成绩合格
书法学习经历	42.7%曾经有书法练习经历
手掌宽/mm	均值77.9，标准差12.4
手掌长/mm	均值97.2，标准差8.0
拇指长/mm	均值59.6，标准差5.5
拇指宽/mm	均值20.1，标准差1.7
食指长/mm	均值86.6，标准差4.7
食指宽/mm	均值15.8，标准差1.1

5.2.3 实验任务

实验中包含5个正式任务。每个正式任务都是特定18个中文汉字的手写输入，如表5.5所列。实验一中验证了中文特性对于中文手写人机交互的影响，所以实验二中待输入的中文汉字是根据笔画数、首笔方向、汉字结构选出的。每个被试会在1种显示大小的触控设备上，在5种不同大小的输入框中，采用1种输入方式分别完成这18个汉字的手写输入。

5.2.4 实验流程

正式实验之前，被试会被告知实验的目的和细节，如果被试同意继续参与实验，则签署实验知情同意书(如附录G所示)继续实验。被试首先会进行5分钟手写练习任务，以熟悉实验

用户界面和操作。在正式实验中，每个被试会依次完成不同大小输入框的 5 个手写任务，在每个任务完成之后，用户需要填写三份问卷——满意度问卷、工作负荷问卷和偏好程度问卷。任务之间被试可以休息 5 分钟，缓解手写疲劳，然后继续下一个手写任务，直至所有手写任务都完成。实验任务列表如表 5.5 所列，实验流程如图 5.1 所示。实验总时间约为 50 分钟。

表 5.5 实验二任务中使用的汉字

笔画数	汉字结构	首笔笔画方向	实验用汉字	笔画数
低	独体字	水平	十	2
低	独体字	左下	八	2
低	独体字	垂直	兄	5
低	左右	水平	扔	5
低	包围	右下	闪	5
低	上下	左下	写	5
中	左右	右下	泡	8
中	包围	左下	周	8
中	上下	左下	命	8
中	左右	水平	堵	11
中	包围	垂直	圈	11
中	上下	右下	剪	11
高	左右	水平	摧	14
高	包围	右下	遮	14
高	上下	垂直	睿	14
高	上下	水平	薇	16
高	左右	右下	辫	17
高	包围	右下	鹰	18

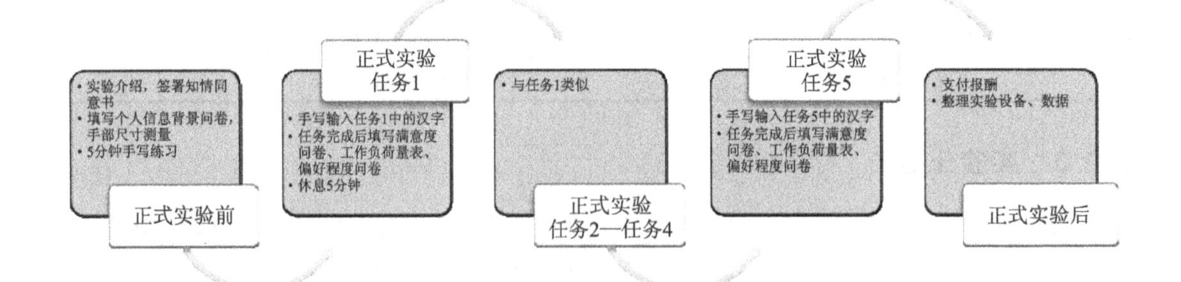

图 5.1 实验二流程示意图

5.2.5 实验设备

实验中根据不同的显示尺寸采用了 4 台不同的实验设备，分别是 iPhone 4S(3.5 英寸)、三星 Note 2(5.5 英寸)、三星 Tab 2-P3110(7.0 英寸)和 iPad 1(9.7 英寸)，4 种设备如图 5.2

所示。因为实验的设备有两种操作平台：Android 和 iOS。为了避免不同操作平台之间的差异，实验采用基于网页的程序，以 PHP 语言为基础。表 5.6 所列为 4 台实验设备的相关参数。通过硬件和软件参数的对比，并且通过实际的测试，可以确定实验程序在 4 台设备上运行时并无显著差异，实验结果基本不会受到实验设备的影响。本实验通过 3 名人因学专家对实验设备进行预测验，借由人因学专家的专业经验评估设备和实验程序的性能，专家评估的结果显示，4 类设备系统反应时间、运行状况无明显差异，可以进行进一步的实验(实验三的预测验评估方法和实验二一致)。另外，实验中触控笔输入任务中使用的触控笔为 AluPen，如图 5.3 所示，其型号为 AP-818BL，由北欧团队 ToolsDesign 设计，整体尺寸 12 mm×13 mm×120 mm，质量为 91 g，可以在电容触控屏幕上使用。

图 5.2　实验二中 4 种不同显示大小的实验设备

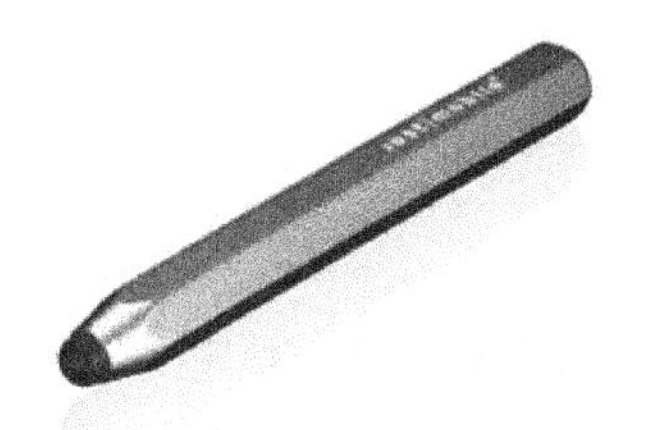

图 5.3　实验二中使用的触控笔

表 5.6　实验二设备的相关参数

显示大小/英寸	3.5	5.5	7.0	9.7
设备型号	iPhone 4S	三星 Note2	三星 Tab 2-P3110	iPad 1
系统平台	iOS 5.0	AndroidOS 4.1	Android 4.0	iOS
触控类型	电容屏多点触控	电容屏多点触控	电容屏多点触控	电容屏触控
CPU 核心数	双核	四核	双核	单核
CPU 型号	苹果 A5	三星 Exynos 4412	TI OMAP4430	苹果 A4
屏幕分辨率	960 像素×640 像素	1 280 像素×720 像素	1 024 像素×600 像素	1 024 像素×768 像素

续表 5.6

整机尺寸/mm	长 115.2	长 151.1	长 193.7	长 242.8
	宽 58.6	宽 80.5	宽 122.4	宽 189.7
	厚 9.3	厚 9.4	厚 10.5	厚 13.4
整机质量/g	140	180～182.5	345	692

另外，由于实验一中使用的是离线识别算法，与现在主流手持触控设备上中文手写输入系统使用的在线识别算法并不一致，所以实验二在实验一的基础上进行了改进，程序使用了一种开源的在线识别算法[123]。实验程序被试界面如图 5.4 所示，左上角是待输入汉字，中间方框内是输入区域，在输入区域内输入汉字才有效，右下方的确定按钮在点击之后会进入下一个汉字的书写。如果被试对自己的输入不满意，可以不点击确认按钮，点击左下角的重写按钮清除书写痕迹重新书写。

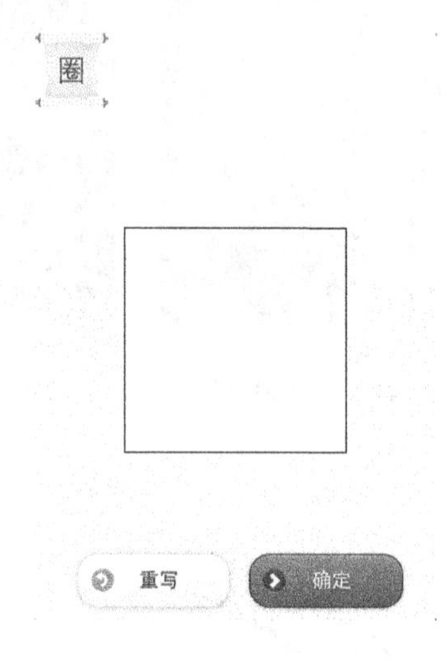

图 5.4 实验二的实验界面

每个汉字的时间、准确率、触框次数和重写次数由实验程序直接记录。其中，准确率的计算方式和实验一一致，如果被试书写的汉字识别出来和待输入汉字一致，则识别值为 1，否则为 0。对于每个手写任务来说，工作负荷由 NASA - TLX 量表[115,116]修改的问卷测量，如附录 D 所示。满意度和偏好程度通过 7 分李克特量表(见附录 H)测量。

5.3 结果与讨论

5.3.1 输入时间

实验二中 110 个被试在 22 种实验条件(见表 5.2)下进行了手写汉字的输入，总共输入了 9 900 个汉字。其中，9 871 个汉字为有效输入，实验中有 29 个汉字在输入时被漏写了。平均手写单字输入时为 5.11 s，标准差为 2.97 s。输入框大小、输入方式和显示大小各水平的单字输入时间和标准差如表 5.7 所列。

表5.7 实验二输入时间的描述性统计分析

变量		均值/s	标准差/s
输入框大小/%	5	5.06	3.16
	10	5.12	3.05
	15	5.19	2.96
	20	5.10	2.85
	25	5.09	2.80
输入方式	拇指	5.67	3.29
	食指	4.93	2.76
	触控笔	4.82	2.93
显示大小/英寸	3.5	4.73	2.72
	5.5	5.79	3.32
	7.0	5.10	2.97
	9.7	4.59	2.43

进一步，本研究通过重复测量多因素方差分析检验了输入框大小、输入方式和显示大小的主效应和多个变量对输入时间的交互效应。如表5.8所列，结果显示输入框大小对输入时间有显著的主效应。成对比较的结果也显示，15%输入框的输入时间显著高于其他输入框，10%的输入框次之，其他三种大小的输入框的输入时间则相当。

表5.8 实验二单字输入时间的多因素方差分析结果

类别	方差来源	自由度	*F*值	*P*值
组内效应	输入框大小	4	10.30	<0.001*
	输入框大小×输入方式	8	9.67	<0.001*
	输入框大小×显示大小	12	11.22	<0.001*
	输入框大小×输入方式×显示大小	16	5.01	<0.001*
	误差	7 760		
组间效应	截距	1	5 198.80	<0.001*
	输入方式	2	9.16	<0.001*
	显示大小	3	13.24	<0.001*
	输入方式×显示大小	4	2.14	0.07
	误差	1 940	10.30	<0.001*
总计		9 750	9.67	<0.001*

*表示该水平显著。

如图5.5所示，输入框大小和输入方式对于输入时间有显著的二阶交互效应。从图中可以看出，总体来说，对于5种大小的输入框，拇指输入的输入时间最高，这和实验一的结论一致。由此也可以看出，拇指输入需要较大尺寸的输入框，这是因为拇指本身的尺寸更大。而对于食指输入来说，在15%、20%和25%的输入框上的输入时间则更长，在5%和10%的输入框上的输入时间较短。对于触控笔来说，在15%的输入框上的输入时间最长，10%次之，5%、

25%和20%的输入时间最短。这就要求在设计中文手写人机交互产品时，应该按照不同的输入方式考虑输入框的大小。当然，可以调节大小的输入框设计也是一种解决的办法，但是用户也许并不清楚自己需要多大的输入框，所以产品设计时还要考虑用户的书写需求，尽可能让输入框大小的设计能够自动适应用户的输入方式。此外值得注意的是，费茨法则并不完全适用于手写输入的情形，输入框大小增加了，被试手写的距离也增加了，但是输入时间并没有相应地增加。这说明手写输入是一个比较复杂的活动，并不能简单地用费茨法则来解释。

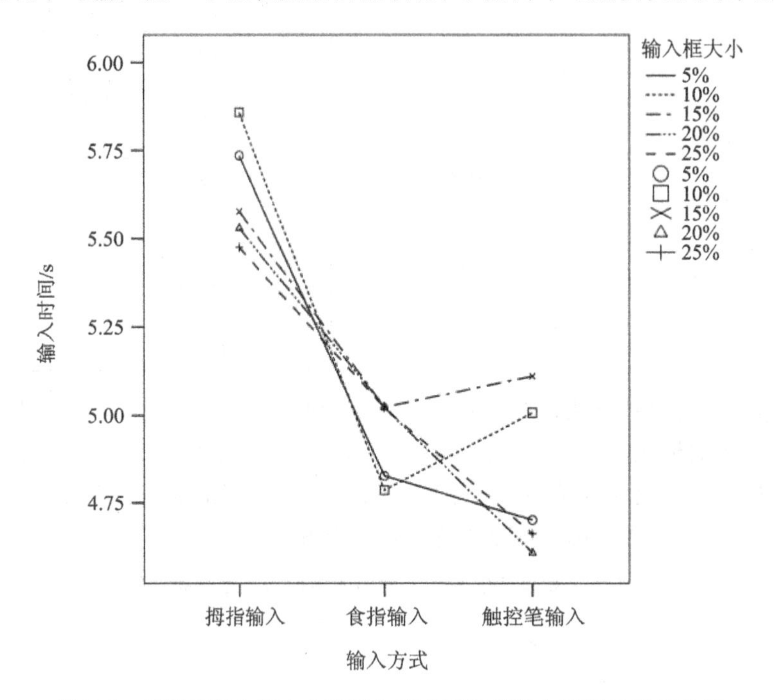

图 5.5　实验二输入框大小和输入方式对单字输入时间的交互效应

• 设计建议：给拇指输入设计较大尺寸的输入框以减少输入时间。

• 设计建议：为不同的输入方式设计不同大小的输入框，输入框的大小可根据用户选取的输入方式智能调节，以减少输入时间。

如图 5.6 所示，输入框大小和显示大小也对输入时间有显著的二阶交互效应。基本上来说，5 种大小的输入框在各个显示大小上的变化情况都比较类似，在 5.5 英寸上的输入时间最高，而在最小尺寸和最大尺寸上的输入时间则较低。可见，5.5 英寸的显示大小是一个比较特殊的尺寸，值得进一步深入探讨。

• 设计建议：在 5.5 英寸显示大小的设备上设计输入框大小时，应该特别注意考虑输入时间，建议在 5.5 英寸上输入框大小以 25%为佳。

如图 5.7 所示，输入方式和显示大小对于输入时间有显著的影响。触控笔输入的平均输入时间最短，而拇指输入的平均输入时间则是最长。被试在 9.7 英寸显示大小的设备上的平均输入时间最短，在 5.5 英寸显示大小的设备上的平均输入时间最长。输入方式×显示大小对输入时间有显著的二阶交互效应，3.5 英寸设备和触控笔的输入时间最短(均值=4.20 ms，标准差=2.50 ms)，在 5.5 英寸设备上的拇指输入时间最长(均值=5.97 ms，标准差=3.46 ms)。为方便读者理解(对其他中文手写人机交互指标也可以做同样的处理)，本研究将

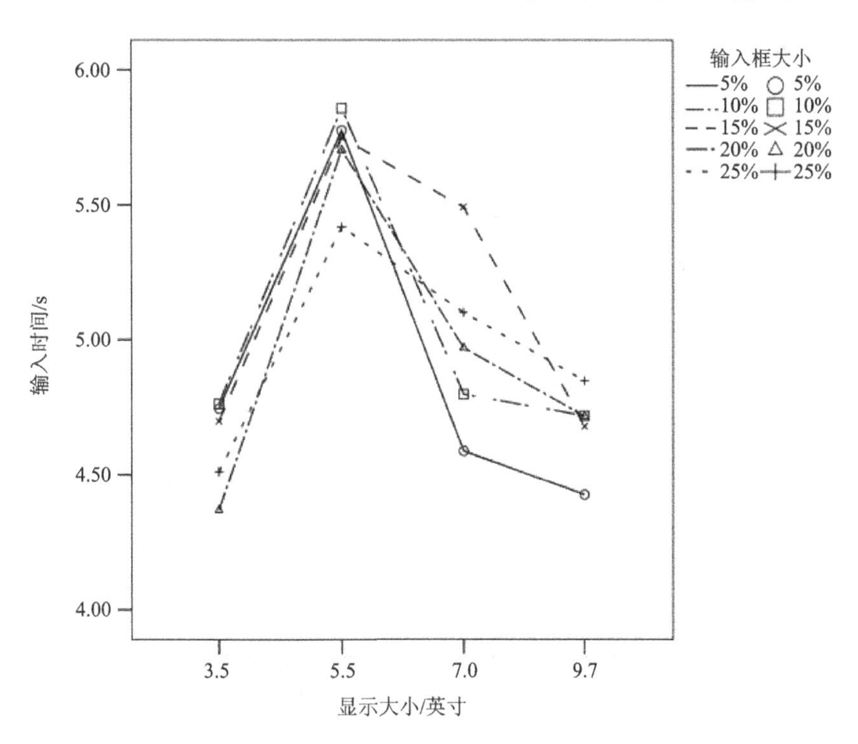

图 5.6　实验二输入框大小和显示大小对单字输入时间的交互效应

完整的描述性统计结果附于附录 J 中。

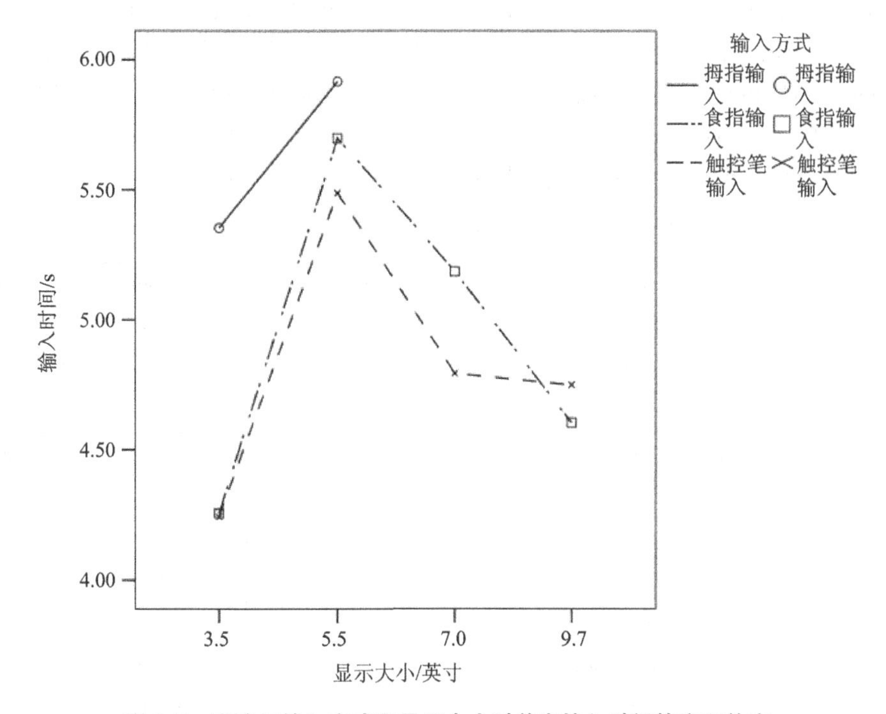

图 5.7　实验二输入方式和显示大小对单字输入时间的交互效应

5.3.2 准确率

实验二单字平均准确率48%(标准差=50%)。输入框大小、输入方式和显示大小各水平对应的单字平均准确率和标准差如表5.9所列。

表5.9 实验二准确率的描述性统计结果

变　量		均值/%	标准差/%
输入框大小/%	5	40	49
	10	49	50
	15	50	50
	20	52	50
	25	51	50
输入方式	拇指	41	49
	食指	53	50
	触控笔	45	50
显示大小/英寸	3.5	48	50
	5.5	46	50
	7.0	47	50
	9.7	54	50

多因素方差分析的结果(见表5.10)显示,输入框大小对于准确率有显著的主效应。以输入框大小来说,当输入框大小为显示大小的20%时,被试的手写准确率最高,当输入框大小为显示大小的5%时,被试的准确率最低。且成对比较的结果也显示20%、15%和25%的输入框的准确率最高,10%的输入框次之,最差的是5%的输入框(详细成对比较的结果参见附录J表J.2)。但是总体来说,5种大小的输入框之间的准确率相差并不是很大。

表5.10 实验二准确率的多因素方差分析结果

类　别	方差来源	自由度	F 值	P 值
组内效应	输入框大小	4	20.17	<0.001*
	输入框大小×输入方式	8	1.79	0.07*
	输入框大小×显示大小	12	2.42	<0.001*
	输入框大小×输入方式×显示大小	16	2.05	0.01*
	误差	7 760		
组间效应	截距	1	2 376.07	<0.001*
	输入方式	2	17.84	<0.001*
	显示大小	3	3.80	0.01*
	输入方式×显示大小	4	3.31	0.01*
	误差	1 940	20.17	<0.001*
总计		9 750	1.79	0.07*

*表示该水平显著。

方差分析结果显示了输入框大小和输入方式对准确率有显著的二阶交互效应。如图5.8所示，从图中也可以看到，代表输入框大小的5条曲线的变化趋势近似，说明不论采用哪种输入方式，食指输入的准确率都是最高的。比较有趣的结果是，在20%和15%的输入框中，拇指输入的准确率要低于触控笔输入的准确率。5%的输入框对于任何一种输入方式来说准确率都是最低的。

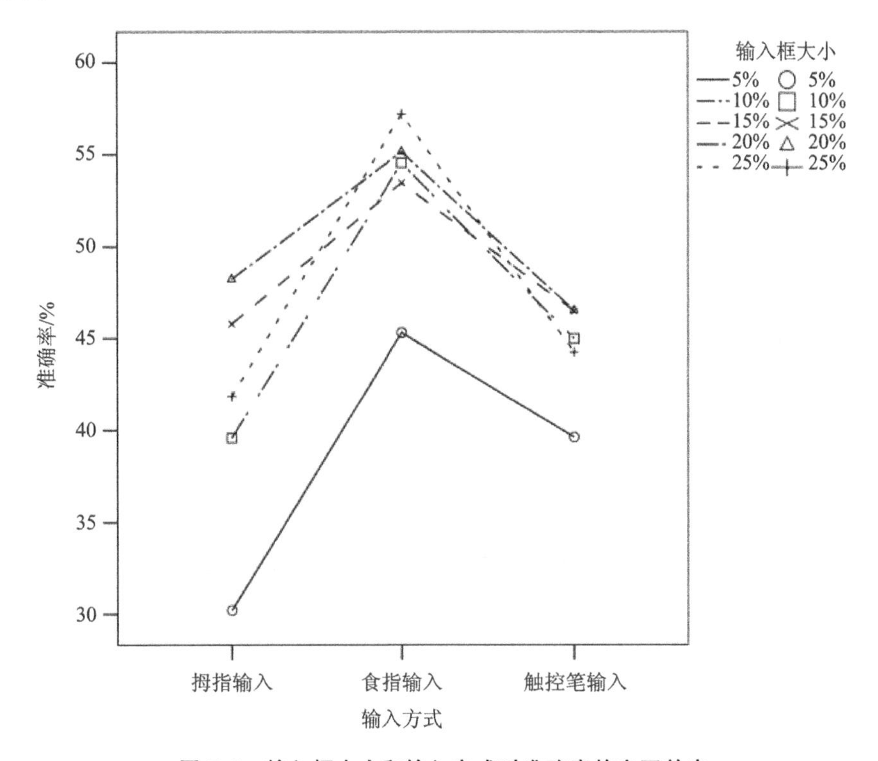

图5.8　输入框大小和输入方式对准确率的交互效应

• 设计建议：为了达到较高的准确率，尽可能避免采用输入框大小为显示大小5%的输入框。

如图5.9所示，输入框大小和显示大小也对准确率有显著的二阶交互效应。从图中可以看出，总体来说，无论采用多大的输入框设置，9.7英寸设备上的准确率都是最高的。

此外，输入方式和显示大小对准确率存在显著的主效应。对输入方式而言，食指输入的准确率最高，而拇指输入的准确率则最低。在显示大小方面，被试在9.7英寸的设备上的准确率最高，在5.5英寸设备上的准确率最低。如图5.10所示，输入方式和显示大小对于准确率存在显著的二阶交互效应。9.7英寸设备上的触控笔输入的准确率最高(均值=56%，标准差=50%)，而7.0英寸设备上的触控笔输入的准确率则最低(均值=34%，标准差=47%)。

5.3.3　触框次数

实验二单字平均触框次数为1.01(标准差=2.26)。输入框大小、输入方式和显示大小各水平对应的单字平均触框次数如表5.11所列。

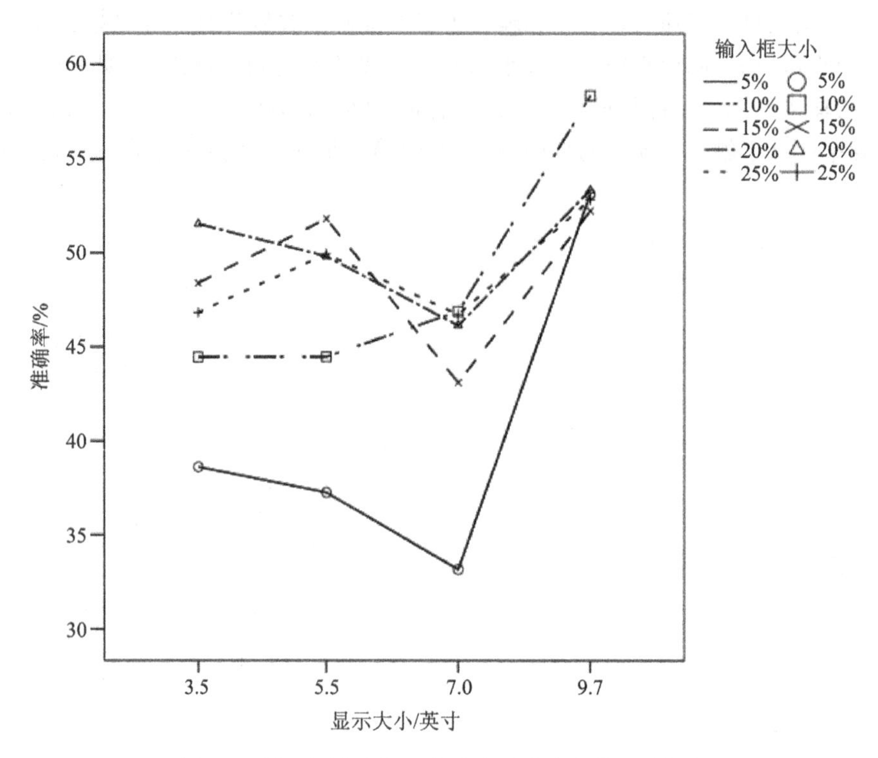

图 5.9 输入框大小和显示大小对准确率的交互效应

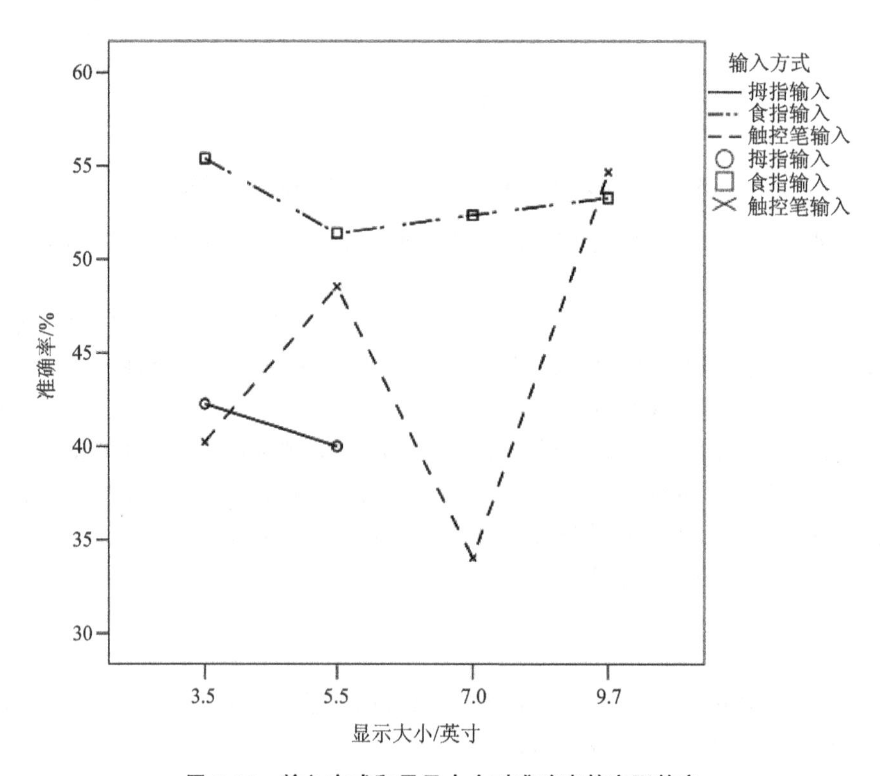

图 5.10 输入方式和显示大小对准确率的交互效应

表 5.11　实验二触框次数(每字)的描述性统计分析结果

变　量		均　值	标准差
输入框大小/%	5	2.23	3.33
	10	1.30	2.38
	15	0.75	1.77
	20	0.45	1.31
	25	0.30	1.17
输入方式	拇指	1.58	3.01
	食指	0.85	1.91
	触控笔	0.62	1.65
显示大小/英寸	3.5	1.69	2.84
	5.5	1.08	2.36
	7.0	0.45	1.25
	9.7	0.23	0.88

如表5.12所列，多因素方差分析显示输入框大小对触框次数有显著的主效应。当输入框大小为显示大小的25%时，触框次数最小，当输入框大小为显示大小的5%时，触框次数最大。触框次数随着输入框的增大而降低，成对比较的结果也显示触框次数在输入框的5个水平上存在显著差异。

- 设计建议：输入框尺寸的增加有利于减少触框次数。

表 5.12　实验二触框次数(每字)的多因素方差分析结果

类　别	方差来源	自由度	*F* 值	*P* 值
组内效应	输入框大小	4	285.18	<0.001*
	输入框大小×输入方式	8	13.01	<0.001*
	输入框大小×显示大小	12	12.47	<0.001*
	输入框大小×输入方式×显示大小	16	2.75	<0.001*
	误差	7 760		
组间效应	截距	1	650.41	<0.001*
	输入方式	2	15.37	<0.001*
	显示大小	3	50.22	<0.001*
	输入方式×显示大小	4	1.80	0.13
	误差	1 940	285.18	<0.001*
总计		9 750	13.01	<0.001*

*表示该水平显著。

同时，方差分析结果显示所有变量之间的二阶交互效应和三阶效应都是显著的。如图5.11所示，对于输入框大小和输入方式的二阶交互效应而言，在输入框大小为显示大小25%的设备上进行触控笔输入的时候，触框次数最低(均值=0.19，标准差=0.74)，而在输入框大小为显示大小5%的设备上进行拇指输入时，触框次数最高(均值=3.50，标准差=

4.28)。从图中也可以看出,不论采用多大的输入框,拇指输入的触框次数最高,食指次之,触控笔最低。这是因为手写输入时,被试对于触控笔输入最为熟悉,因为和纸笔书写类似,此时的运动控制能力最强,动作最为精确。而拇指输入的运动控制能力则较弱,相对来说动作不如触控笔输入的准确,所以容易碰到输入框。因此应该为拇指输入配置大尺寸的输入框。

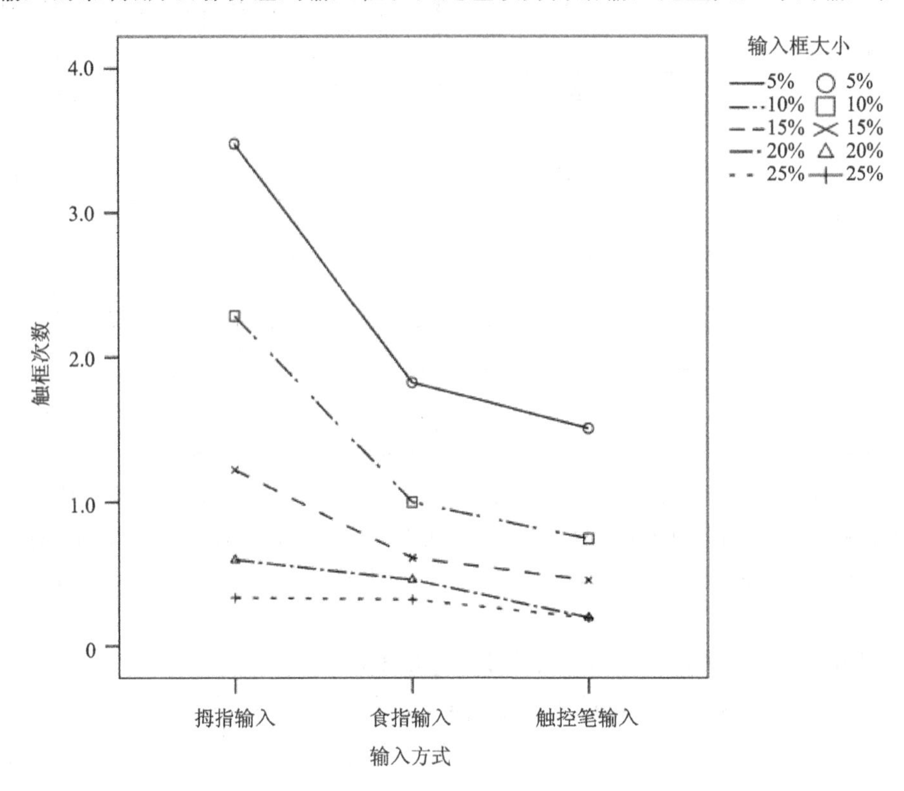

图 5.11　实验二输入框大小和输入方式对触框次数(每字)的交互效应

如图 5.12 所示,对于输入框大小和显示大小的二阶交互效应来说,9.7 英寸设备上显示大小为 25%时触框次数最小(均值=0.05,标准差=0.39),在 3.5 英寸设备上显示大小为 5%时触框次数最大(均值=3.29,标准差=3.86)。类似输入框和输入方式对触框次数的影响,无论多大的显示大小,输入框尺寸越大,触框次数越低。而且显示大小越大,这种输入框尺寸对于触框次数的影响越不明显。例如,在 9.7 英寸的设备上,显示大小为 5%的输入框的触框次数最高,但是其他 4 种输入框大小的触框次数都相对较低。

输入方式和显示大小也对触框次数有显著的主效应。从输入方式来看,触控笔输入的触框次数最小,而拇指输入的触框次数最大。就显示大小而言,被试在 9.7 英寸设备上的触框次数最小,在 3.5 英寸设备上的触框次数最大。如图 5.13 所示,以输入方式和显示大小的二阶交互效应来说,9.7 英寸设备上的触控笔输入的触框次数最小(均值=0.11,标准差=0.59),3.5 英寸设备上的拇指输入的触框次数最高(均值=1.91,标准差=3.24)。对于输入框大小、输入方式和显示大小的三阶效应来说,9.7 英寸设备上显示大小为 20%并使用触控笔输入时的触框次数最小(均值=0.00,标准差=0.00),3.5 英寸设备上显示大小为 5%并使用拇指输入时的触框次数最大(均值=1.91,标准差=3.24)。

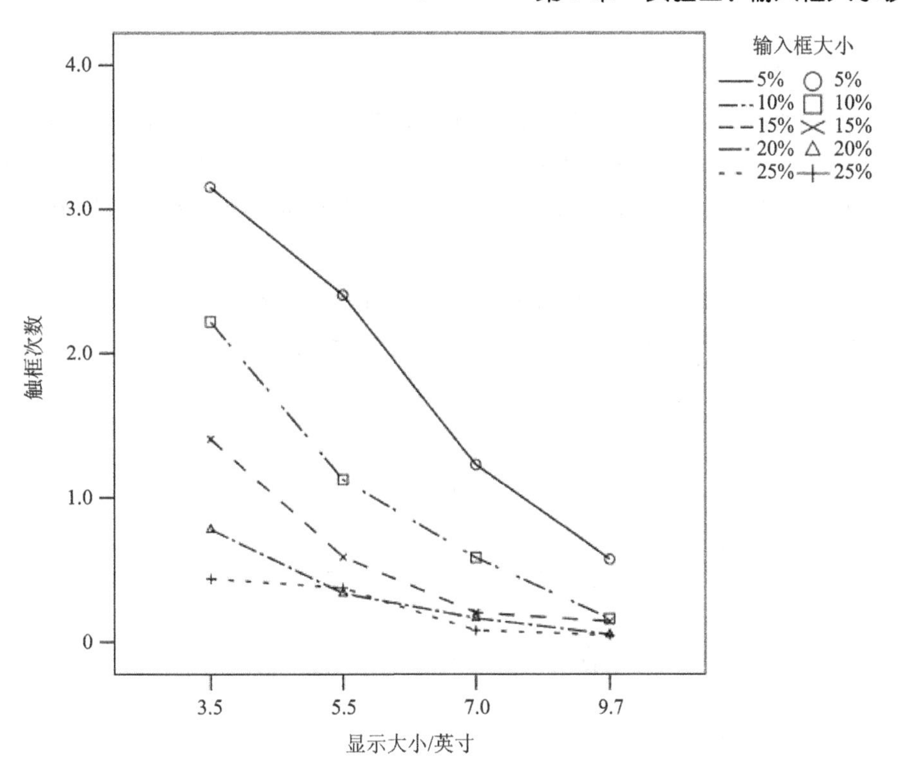

图 5.12　实验二输入框大小和显示大小对触框次数(每字)的交互效应

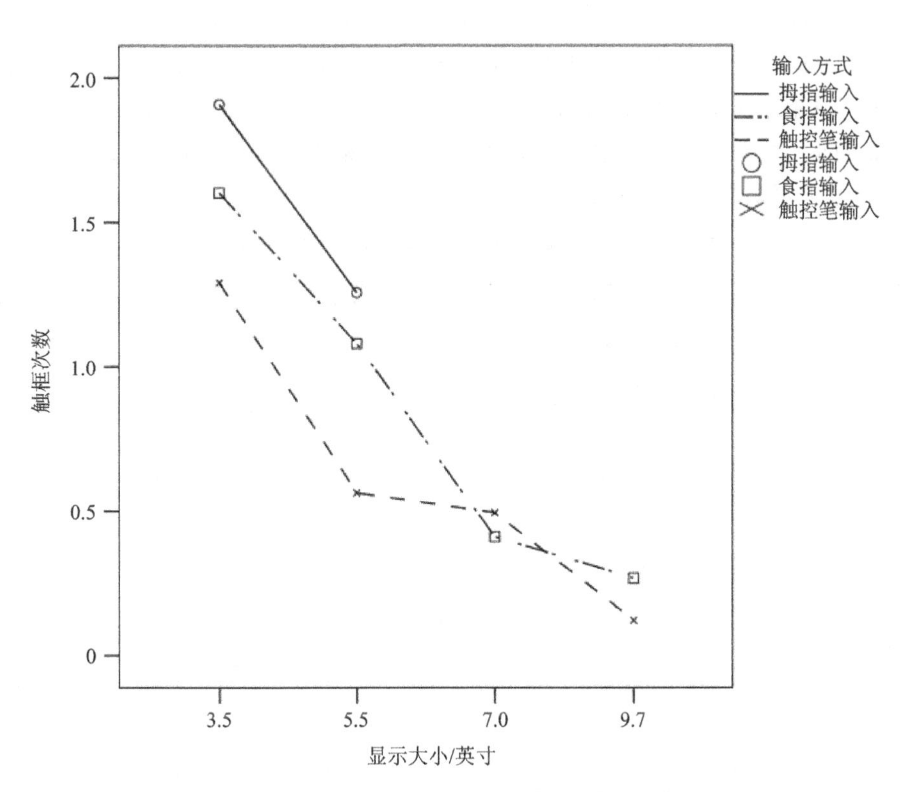

图 5.13　实验二输入方式和显示大小对触框次数(每字)的交互效应

5.3.4 重写次数

按照实验二的设计，被试在手写过程中，如果对手写结果不满意，可以点击重写按钮清除手写痕迹重新书写。如果一个字被试手写输入了 2 次，则计算为重写 1 次。实验二平均重写次数为 0.19（标准差＝0.66）。输入框大小、输入方式和显示大小各水平的均值和标准差如表 5.13 所列。

表 5.13 实验二重写次数（每字）描述性统计分析结果

变　量		均　值	标准差
输入框大小/%	5	0.43	1.14
	10	0.16	0.53
	15	0.14	0.47
	20	0.12	0.42
	25	0.11	0.39
输入方式	拇指	0.22	0.72
	食指	0.17	0.62
	触控笔	0.22	0.71
显示大小/英寸	3.5	0.23	0.69
	5.5	0.25	0.84
	7.0	0.11	0.44
	9.7	0.11	0.39

如表 5.14 所列，方差分析的结果验证了输入框大小、输入方式和显示大小对于重写次数的显著影响。从输入框大小来说，25％大小的输入框对应最低的重写次数，而 5％的输入框大小对应最高的重写次数。成对比较的结果也显示，输入框大小各水平的重写次数之间存在显著差异，重写次数随着输入框尺寸的增加而减少。

表 5.14 实验二重写次数（每字）多因素方差分析结果

类　别	方差来源	自由度	F 值	P 值
组内效应	输入框大小	4	58.52	＜0.001*
	输入框大小×输入方式	8	3.67	＜0.001*
	输入框大小×显示大小	12	10.81	＜0.001*
	输入框大小×输入方式×显示大小	16	1.03	0.42
	误差	7 760		
组间效应	截距	1	423.25	＜0.001*
	输入方式	2	3.98	0.02*
	显示大小	3	12.90	＜0.001*
	输入方式×显示大小	4	2.03	0.09*
	误差	1 940	58.52	＜0.001*
总计		9 750	3.67	＜0.001*

* 表示该水平显著。

• 设计建议：增大输入框尺寸，以减少重写次数。

自变量之间所有的二阶主效应均为显著。如图5.14所示，在输入框大小和输入方式对于重写次数的二阶交互效应中，25%输入框上的食指输入的重写次数最低（均值=0.09，标准差=0.33），而5%输入框上的拇指输入的重写次数最高（均值=0.45，标准差=1.15）。从图中可以看出，5%的输入框的重写次数显著高于其他大小的输入框，不论采用哪种输入方式都是如此。另外，食指输入的重写次数对于各种大小的输入框来说都较低。

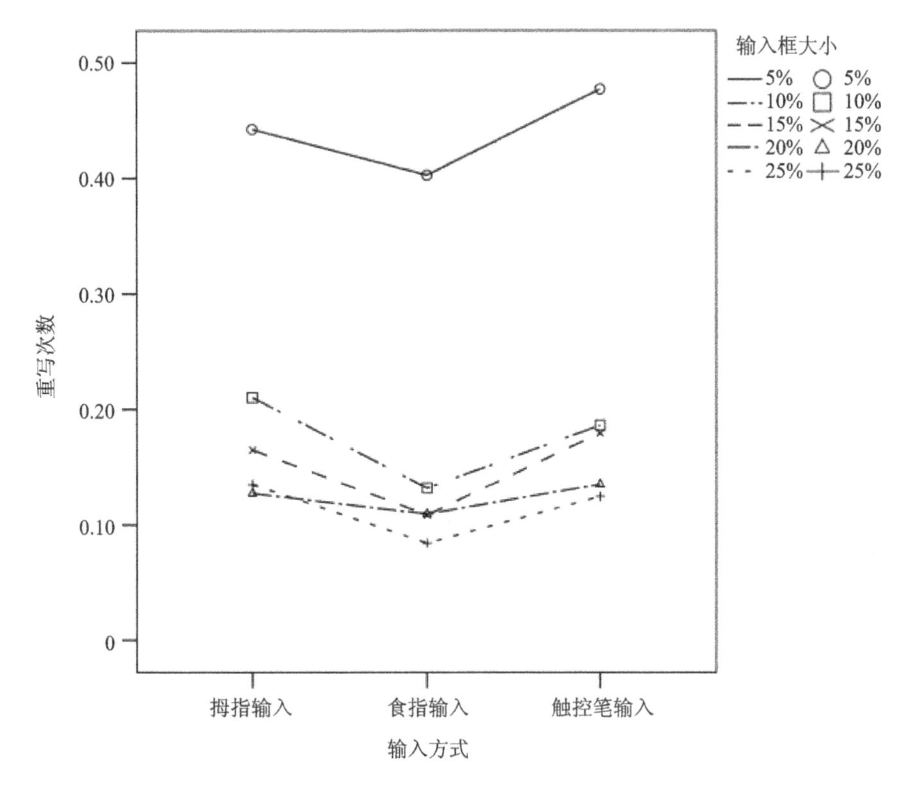

图5.14 输入框大小和输入方式对重写次数(每字)的效应

如图5.15所示，对于输入框大小和显示大小的二阶交互效应来说，7.0英寸设备上20%（均值=0.05，标准差=0.27）和25%（均值=0.05，标准差=0.28）的输入框都对应最低的重写次数，3.5英寸设备上5%的输入框则对应最高的重写次数（均值=0.48，标准差=1.11）。图5.15描述了输入框大小和显示大小对于重写次数的影响，从中可以看到，在4种显示大小上，5%的输入框的重写次数都明显高于其他大小的输入框。而且重写次数的结果也进一步说明了5.5英寸这个显示尺寸的特殊性。

从输入方式来看，食指输入的重写次数最低，而拇指输入的重写次数和触控笔输入的重写次数近似相等。如图5.16所示，对于输入方式×显示大小来说，9.7英寸设备上的食指输入的重写次数最低（均值=0.09，标准差=0.33），而5.5英寸设备上的触控笔输入的重写次数最高（均值=0.31，标准差=0.94）。

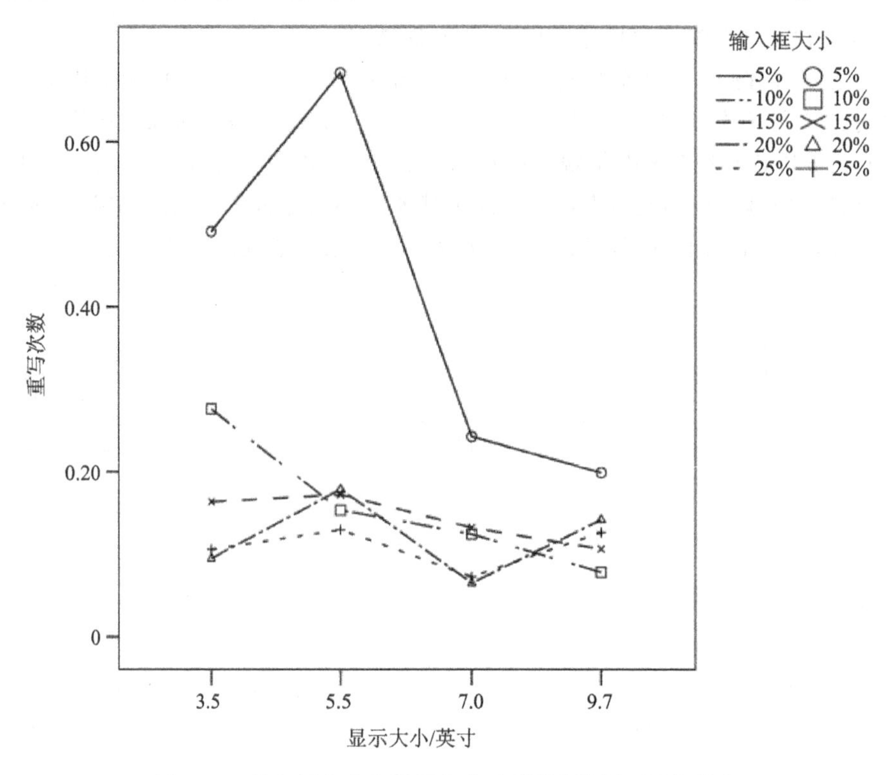

图 5.15　输入框大小和显示大小对重写次数(每字)的效应

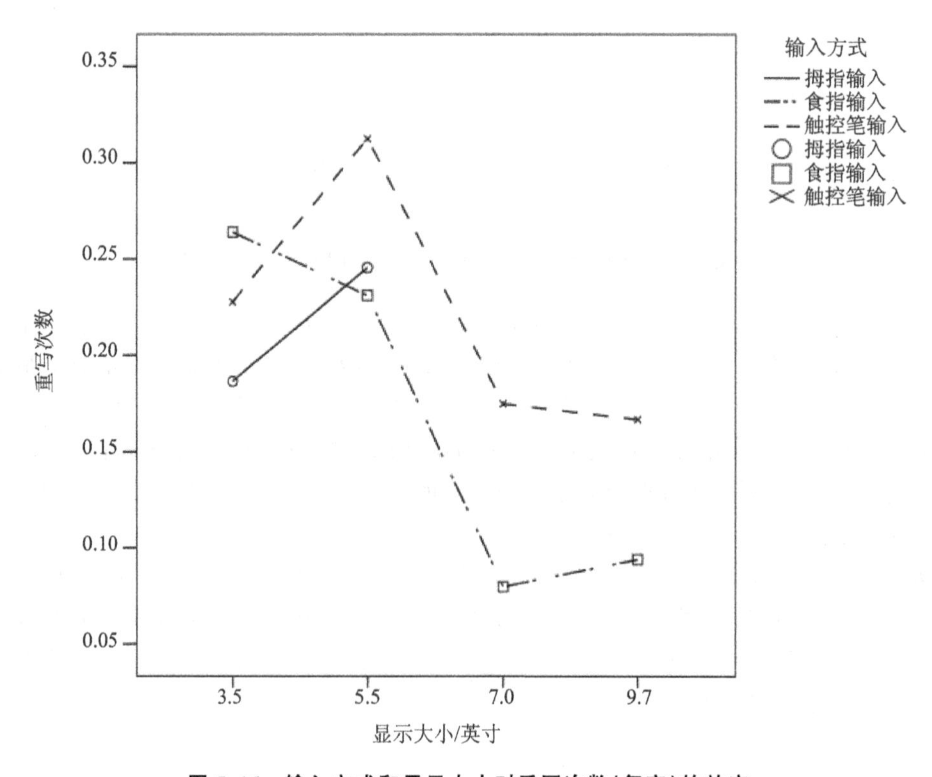

图 5.16　输入方式和显示大小对重写次数(每字)的效应

5.3.5 满意度

实验二有110名被试参与者，每个被试需要完成5个手写任务，在完成每个任务之后填写3份问卷，分别关于满意度、工作负荷和偏好程度。实验二总共回收了550份满意度问卷、550份工作负荷问卷和550份偏好程度问卷。

实验二满意度评分的均值为2.85(标准差=1.10)。输入框大小、输入方式和显示大小各水平的均值和标准差如表5.15所列。

表5.15　实验二满意度的描述性统计分析结果

变　量		均　值	标准差
输入框大小/%	5	1.97	1.07
	10	2.76	1.06
	15	3.11	0.94
	20	3.21	0.91
	25	3.23	0.99
输入方式	拇指	2.26	1.06
	食指	3.08	1.02
	触控笔	3.07	1.06
显示大小/英寸	3.5	2.51	1.12
	5.5	2.54	1.00
	7.0	3.17	0.99
	9.7	3.69	0.74

如表5.16所列，多因素方差分析的结果显示输入框大小对满意度有显著的影响。对输入框大小来说，25%的输入框的满意度最高，5%的则是最低。可以看到，输入框大小在5%时得分较低，然后随着输入框尺寸的增加迅速提高，到15%之后增加较少。15%、20%和25%的满意度得分较为接近。

表5.16　实验二满意度的多因素方差分析结果

类　别	方差来源	自由度	F 值	P 值
组内效应	输入框大小	4	81.21	<0.001*
	输入框大小×输入方式	8	2.61	0.01*
	输入框大小×显示大小	12	4.87	<0.001*
	输入框大小×输入方式×显示大小	16	1.22	0.25
	误差	400		
组间效应	截距	1	1 401.29	<0.001*
	输入方式	2	3.60	0.03*
	显示大小	3	6.99	<0.001*
	输入方式×显示大小	4	0.80	0.53
	误差	100		
总计		550		

*表示该水平显著。

• 设计建议：从满意度的角度，输入框大小至少应到达显示尺寸面积的15%水平。

多因素方差分析的结果显示输入框大小×输入方式的二阶交互效应显著。20%的输入框的触控笔输入对应最高的满意度(均值=3.56，标准差=0.69)，而5%输入框上的拇指输入对应最低的满意度(均值=1.42，标准差=0.74)。输入框大小和输入方式对满意度的二阶交互效应如图5.17所示，从图中可以看出，无论什么大小的输入框，触控笔输入时的满意度最高，食指输入次之，而拇指输入时的满意度最低。所以，当输入框大小不能确定时，可以考虑给用户配备一支触控笔以提高用户的满意度。例如，现在可穿戴设备技术的发展日新月异，将来很可能会有越来越多的用户使用触控手表，在这么小尺寸的设备上进行手写输入时，不妨配备一支轻便的触控笔。

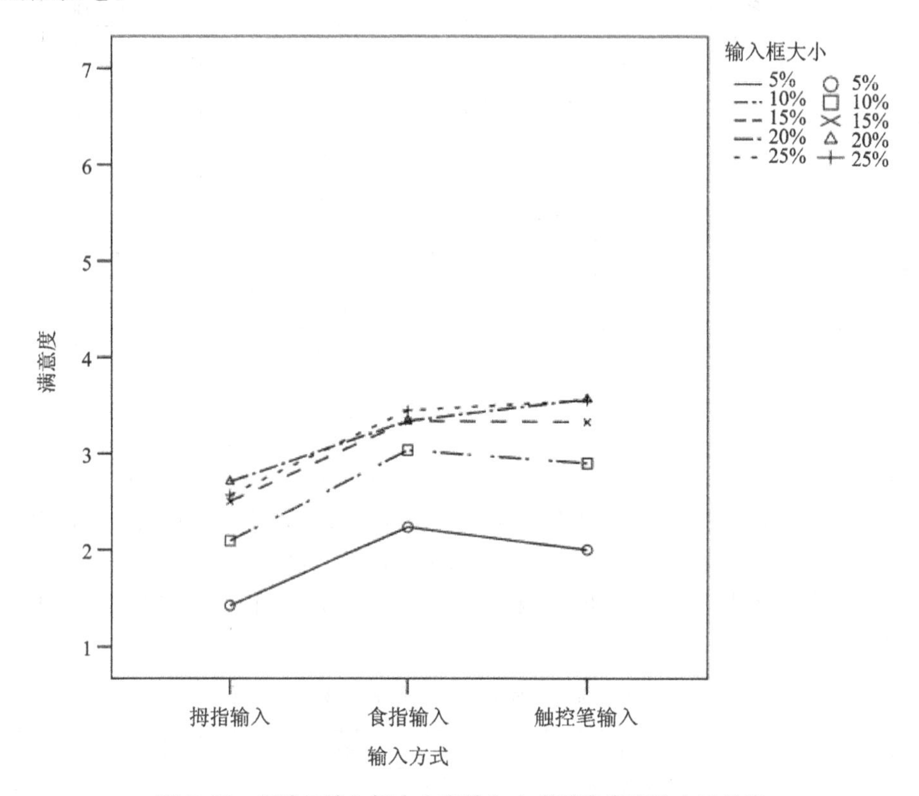

图5.17 实验二输入框大小和输入方式对满意度的交互效应

• 设计建议：当输入框大小不能确定时，可以考虑给用户配备一支触控笔以提高用户的满意度。

多因素方差分析的结果显示输入框大小×显示大小对满意度的二阶交互效应显著。9.7英寸显示大小和15%输入框大小有最高的满意度(均值=3.81，标准差=0.69)，而3.5英寸显示大小和5%输入框大小对应最低的满意度(均值=1.44，标准差=0.63)。输入框大小和显示大小对满意度的二阶交互效应如图5.18所示，从图中可以看出，满意度得分的变化趋势基本呈现一个规律：各个输入框尺寸的满意度都随着显示尺寸的提高而提高。

• 设计建议：显示尺寸增加时，输入框尺寸也应该相应地增加。

• 设计建议：对于大尺寸的手持触控设备(9.7英寸左右)，输入框尺寸随显示尺寸增加到一定程度时(15%)即可，不需要无限增大。

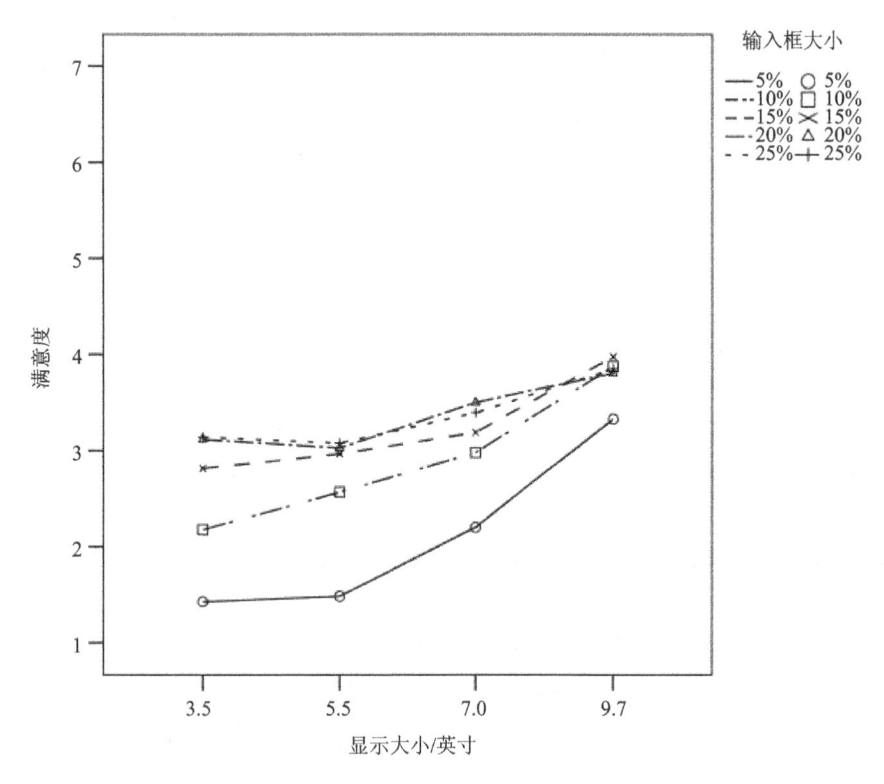

图 5.18　实验二输入框大小和显示大小对满意度的交互效应

此外，输入方式和显示大小分别对满意度有显著的主效应。从输入方式来看，食指输入和触控笔输入的满意度较拇指输入的更高。从显示大小来看，9.7 英寸设备上的满意度最高，而 3.5 英寸设备上的满意度则是最低。多因素方差分析的结果显示输入框大小×显示大小的二阶交互效应显著。9.7 英寸设备上 25%的输入框大小对应最高的满意度（均值=3.77，标准差=0.76），而 3.5 英寸设备上 5%的输入框大小对应最低的满意度（均值=1.44，标准差=0.63）。

5.3.6　工作负荷

实验二工作负荷的均值为 49.84（标准差=16.39）。输入框大小、输入方式和显示大小各水平的均值和标准差如表 5.17 所列。

表 5.17　实验二工作负荷的描述性统计分析结果

变　量		均　值	标准差
输入框大小/%	5	54.65	17.68
	10	51.33	16.27
	15	48.89	16.02
	20	47.75	14.67
	25	46.58	16.21

续表 5.17

变 量		均 值	标准差
输入方式	拇指	51.49	16.86
	食指	49.56	15.84
	触控笔	48.21	17.27
显示大小/英寸	3.5	50.07	15.64
	5.5	52.74	15.24
	7.0	47.83	17.00
	9.7	46.38	18.22

多因素方差分析的结果显示了输入框大小对于工作负荷的显著影响，如表 5.18 所列。可见，在 25％的输入框上被试的工作负荷平均值最小，而在 5％的输入框上被试的工作负荷平均值最大。同时可以看出，工作负荷随着输入框大小的增加而减少。所以如果是大量文字的手写输入，在本身工作负荷就较高的情形下，为了尽可能减少工作负荷，应该采用大尺寸的输入框。

- 设计建议：从工作负荷的角度，大量文字输入应该采用大尺寸的输入框。

表 5.18 实验二工作负荷的多因素方差分析结果

类 别	方差来源	自由度	F 值	P 值
组内效应	输入框大小	4	7.50	$<0.001^*$
	输入框大小×输入方式	8	0.49	0.86
	输入框大小×显示大小	12	1.34	0.20
	输入框大小×输入方式×显示大小	16	0.76	0.73
	误差	400		
组间效应	截距	1	1 162.87	0.00
	输入方式	2	0.10	0.91
	显示大小	3	0.48	0.70
	输入方式×显示大小	4	0.23	0.92
	误差	100		
总计		550		

* 表示该水平显著。

5.3.7 偏好程度

实验二被试偏好程度的得分均值为 4.12(标准差＝1.77)。输入框大小、输入方式和显示大小的均值和标准差如表 5.19 所列。

表 5.19　实验二偏好程度的描述性统计分析结果

变　量		均　值	标准差
输入框大小/%	5	2.22	1.33
	10	3.86	1.56
	15	4.52	1.45
	20	4.89	1.45
	25	5.13	1.35
输入方式	拇指	3.51	1.70
	食指	4.33	1.75
	触控笔	4.44	1.70
显示大小/英寸	3.5	3.58	1.80
	5.5	3.68	1.76
	7.0	4.86	1.40
	9.7	5.12	1.36

多因素方差分析的结果显示输入框大小对于偏好程度评分有显著的影响，如表 5.20 所列，从输入框大小来看，25%的输入框对应的偏好程度平均分最高，5%的输入框对应的偏好程度平均分最低。可以看出，和满意度的结果类似，输入框大小的增加会提高偏好程度得分，但是随着输入框尺寸的增加，偏好程度得分的增加程度减少。基本上来说，15%的输入框大小就能为被试所接受了。

表 5.20　实验二偏好程度的多因素方差分析结果

类　别	方差来源	自由度	*F* 值	*P* 值
组内效应	输入框大小	4	97.49	<0.001*
	输入框大小×输入方式	8	1.77	0.08*
	输入框大小×显示大小	12	3.30	<0.001*
	输入框大小×输入方式×显示大小	16	1.25	0.23
	误差	400		
组间效应	截距	1	2 056.06	<0.001*
	输入方式	2	0.87	0.42
	显示大小	3	9.66	<0.001*
	输入方式×显示大小	4	0.45	0.77
	误差	100		
总计		550		

* 表示该水平显著。

从表 5.20 可以看出，输入框大小×输入方式对于偏好程度的二阶交互效应在 0.1 的水平上显著。25%输入框上的食指输入对应最高的偏好程度得分（均值=5.44，标准差=1.20），而 5%输入框上的拇指输入的偏好程度得分最低（均值=1.77，标准差=1.08）。输入框大小和输入方式对于偏好程度的二阶交互效应如图 5.19 所示。从图 5.19 中可以看出，输入框各个水

平在不同输入方式上的偏好程度得分比较类似，基本上是拇指输入最低，触控笔输入最高，食指居中。所以，从用户的倾向来说，只考虑手写输入的情形下，手写输入框是越大越好。但是触控设备都具有许多功能，如果屏幕在手写输入的同时还需要留出一定区域兼具其他功能（例如显示信息）的话，输入框的尺寸就不能无限增大。这个时候就需要综合考虑各方面的因素进行输入框大小的设计了。

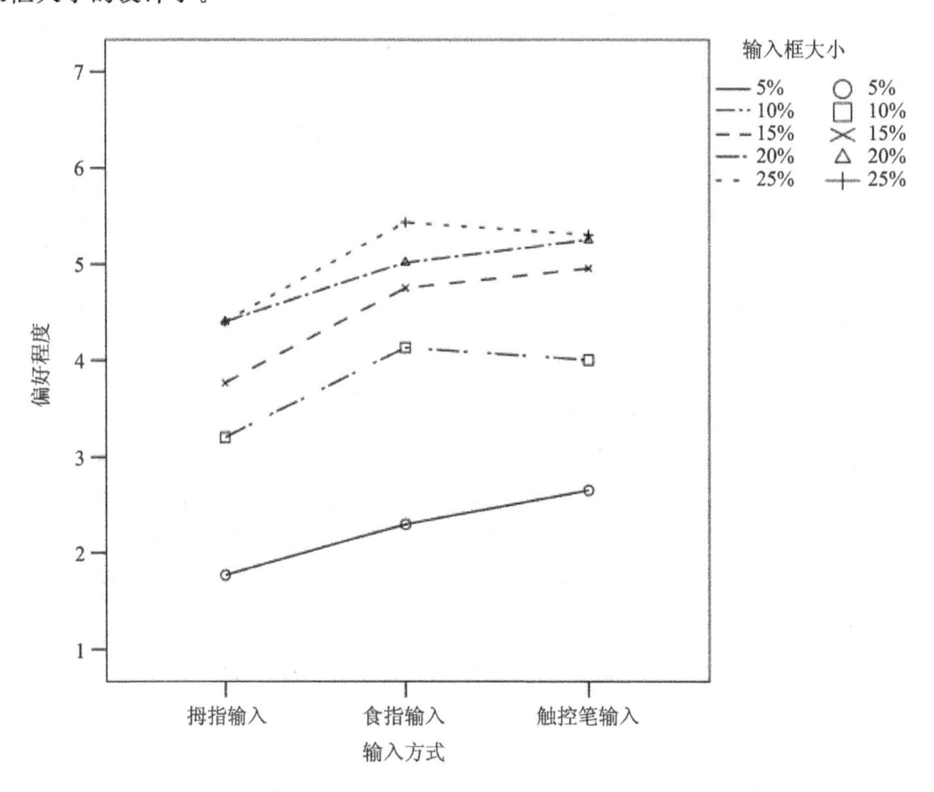

图 5.19 实验二输入框大小和输入方式对于偏好程度的交互效应

• 设计建议：从用户的倾向来说，只考虑手写输入的情形下，手写输入框越大越好。

输入框大小和显示大小的二阶交互效应显著。7.0 英寸设备上的 25%大小的输入框对应最高的偏好程度得分（均值=5.86，标准差=0.66），而 5.5 英寸设备上的 5%的偏好程度得分最低（均值=1.57，标准差=0.89）。从图 5.19 中可以看出，一般来说，除了 25%的输入框大小，其他水平的输入框的偏好程度得分随着显示尺寸的增加而增加。对于 25%的输入框来说，在 7.0 英寸以下也符合此规律，但是 9.7 英寸时的偏好程度得分却开始下降。这说明 9.7 英寸上 25%的输入框过大了，也进一步验证了前面讨论的结果：输入框尺寸不需要无限增大，到达一定值之后对于主观评价的改善程度不大，甚至有可能下降；大尺寸设备上的输入框尺寸在 15%～20%水平的范围内为宜。

此外，显示大小对于偏好程度评分有显著的主效应。从显示大小来看，9.7 英寸的对应的偏好程度的平均得分最高，而 3.5 英寸对应的偏好程度的平均得分最低。输入框大小和显示大小对于偏好程度的二阶交互效应如图 5.20 所示。一般来说，输入框尺寸增大，偏好程度得分增加，而显示尺寸越小，偏好程度得分随着输入框尺寸增大而增加的程度越高。

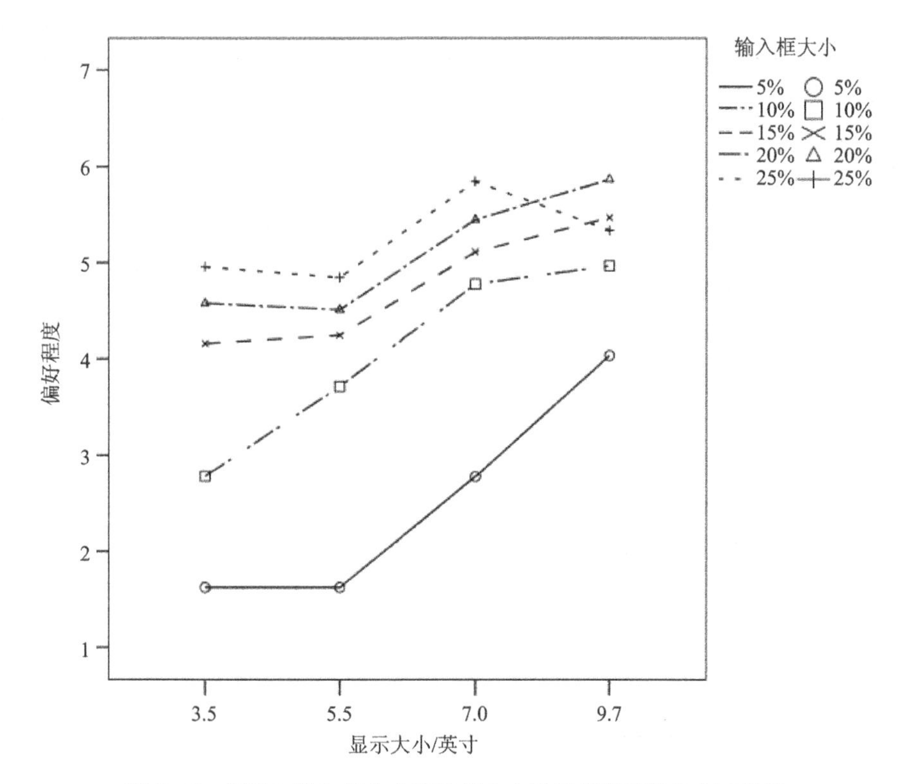

图 5.20 实验二输入框大小和显示大小对于偏好程度的交互效应

5.3.8 实际输入框大小

本研究用单因素方差分析研究了实际输入框大小对于中文手写绩效和主观评价(包括满意度、工作负荷和偏好程度)的影响。输入框的5个水平在不同显示大小的设备上实际对应着不同的实际输入框大小,如表5.1所列。此分析旨在探索从总体来说最佳手写输入框大小是多少的问题。结果显示,实际输入框大小也对中文手写人机交互的绩效指标和主观评价指标有着显著的影响,如表5.21所列。

综合来看,29.5 mm×29.5 mm是一个比较好的尺寸。当然在主观指标的表现上,大尺寸的输入框的评分更高。

表 5.21 实际输入框大小的方差分析结果和最佳输入框大小

变　量		自由度	F	显著性	最佳输入框/mm
输入时间	组间	19	16.69	<0.001*	20.8×20.8
	组内	9 850			
	总数	9 869			
准确率	组间	19	6.81	<0.001*	29.5×29.5
	组内	9 851			
	总数	9 870			

续表 5.21

变　量		自由度	F	显著性	最佳输入框/mm
重写次数	组间	19	28.92	<0.001*	29.5×29.5
	组内	9 851			52.6×52.6
	总数	9 870			58.9×58.9
触框次数	组间	19	114.95	<0.001*	41.7×41.7
	组内	9 851			46.0×46.0
	总数	9 870			58.9×58.9
满意度	组间	19	17.75	<0.001*	36.1×36.1
	组内	530			29.5×29.5
	总数	549			
工作负荷	组间	19	1.98	0.01*	36.1×36.1
	组内	530			58.9×58.9
	总数	549			
偏好程度	组间	19	29.30	<0.001*	41.7×58.9
	组内	530			
	总数	549			

* 表示该水平显著。

5.4 本章小结

实验二的结果验证了输入框大小、输入方式和显示大小对于中文手写人机交互(包括手写绩效和主观评价)的显著影响。从输入框大小来看,被试在较大尺寸的输入框上手写绩效更好;无论是采用三种输入方式中的哪一种,被试在 25%的输入框大小上的手写绩效和主观评价都相对较好。每个评价指标都有其对应的最优实际输入框大小,经过方差分析和两两比较及事后检验,综合各个指标来看,对于实际的输入框大小来说,30.8 mm×30.8 mm 的输入框大小对应最好的手写绩效,而 58.9 mm×58.9 mm 的输入框大小对应最好的主观评价(工作负荷最小、满意度和偏好程度得分最高)。

从输入方式来看,拇指输入的绩效和主观评价都是最低的。原因是拇指的运动范围和自由度与其他输入方式不太一样。现有的研究较少关注拇指输入在中文手写人机交互中的角色,而本书的研究则展示了拇指输入在中文手写输入中的特殊性。因此对于拇指的各种属性,需要研究者们花费更多的时间和精力去探索适合其中文手写输入的方式包括手写交互界面的设计。

实验二同时考虑了 4 种显示大小的影响,并为各种显示大小的设备设计了最佳输入大小。根据费茨法则,如果动作类似,而距离更大,那么用户需要更多的时间来完成动作[33]。但是,本书的研究结果并没有出现这种现象,相对来说,用户的输入时间比较接近。产生此种现象的原因可能是中国人的手写习惯,中国人在非常小的时候就开始接触中文手写(基于纸笔),并开始练习。对于中国文化来说,中文手写的练习能够提高一个人的文化素养,陶冶情操,是一门艺术形式。所以在部分中国人的观念中，中文手写的目的并非仅仅是追求更快、更准确的输入，而是在手写过程中获得手写的精神享受，例如写出更漂亮的手写字体。这种个体差异的存在导致输入时间并非完全随着输入字体的大小呈线性变化。在实验中就有被试表示他并不愿意尽快完成手写的输入，而是希望在手写的过程中把字写好写漂亮。实验结果也同时显示了被试在中文手写中更倾向于大尺寸的显示大小。

表5.22总结了基于实验二的结果关于输入框大小的可用性设计建议。

表5.22 基于实验二的中文手写人机交互系统可用性设计建议

可用性设计建议	可改善的中文手写绩效指标
给拇指输入设计较大尺寸的输入框	输入时间、触框次数
为不同的输入方式设计不同大小的输入框，输入框的大小能根据用户选取的输入方式智能调节	输入时间
在5.5英寸显示大小的设备上设计输入框大小时，应该特别注意考虑输入时间，建议5.5英寸设备上输入框大小以显示尺寸面积的25%为佳	输入时间
为了达到较好的手写输入绩效，尽可能避免采用显示尺寸面积的5%大小的输入框	准确率、触控次数、重写次数
输入框尺寸的增加有利于改善手写交互绩效	触框次数、重写次数
当输入框大小不能确定时，可以考虑给用户配备一支触控笔以提高用户的满意度	满意度
从满意度的角度，输入框大小至少应达到显示尺寸面积的15%水平	满意度、偏好程度
显示尺寸增加时，输入框尺寸应该相应的增加	满意度、偏好程度
对于大尺寸的手持触控设备(9.7英寸左右)，输入框尺寸随显示尺寸增加到一定程度时(15%)即可，不需要无限增大	满意度、偏好程度
大量文字输入时，应该采用大尺寸的输入框	工作负荷
从用户的倾向来说，只考虑手写输入的情形下，手写输入框是越大越好	偏好程度

表5.23总结了不同指标统计结果下最好和最差的输入框大小。

表5.23 中文手写人机交互界面的输入框大小设计

分类			较好	中间	较差
输入时间	总体		5% 25% 20%	10%	15%
	输入方式	拇指	25% 20% 15%	5%	10%
		食指	10% 5%		25% 20% 15%
		触控笔	20% 25% 5%	10%	15%
	显示大小/英寸	3.5	20%	25%	15% 5% 15%
		5.5	25%		20% 15% 5% 10%
		7.0	5% 10%	20% 25%	15%
		9.7	5%	15% 10% 20%	25%

续表 5.23

分类			较好	中间	较差
准确率	总体		20% 15% 25%	10%	5%
	输入方式	拇指	20% 15%	25% 10%	5%
		食指	25%	20% 10% 15%	5%
		触控笔	20% 15%	10% 25%	5%
	显示大小/英寸	3.5	20%	15% 25% 10%	5%
		5.5	15% 25% 20%	10%	5%
		7.0	10% 25% 20%	15%	5%
		9.7	10%		20% 25% 5% 15%
触框次数	总体		25% 20%	15%	10% 5%
	输入方式	拇指	25% 20%	15% 10%	5%
		食指	25% 20%	15% 10%	5%
		触控笔	25% 20%	15% 10%	5%
	显示大小/英寸	3.5	25% 20%	15% 10%	5%
		5.5	25% 20%	15% 10%	5%
		7.0	25% 20% 15%	10%	5%
		9.7	25% 20% 15% 10%		5%
重写次数	总体		25% 20%	15% 10%	5%
	输入方式	拇指	25% 20%	15% 10%	5%
		食指	25% 20%	15% 10%	5%
		触控笔	25% 20%	15% 10%	5%
	显示大小/英寸	3.5	25% 20%	15% 10%	5%
		5.5	25% 20%	15% 10%	5%
		7.0	25% 20%	15% 10%	5%
		9.7	20%	15% 25% 10%	5%
满意度	总体		25% 20% 15%	10%	5%
	输入方式	拇指	20% 25% 15%	10%	5%
		食指	25% 20% 15%	10%	5%
		触控笔	20% 25% 15%	10%	5%
	显示大小/英寸	3.5	25% 20%	15%	10% 5%
		5.5	25% 20% 15%	10%	5%
		7.0	20% 25%	15% 10%	5%
		9.7	15% 10% 25% 20%		5%
工作负荷	总体		25% 20% 15%	10%	5%

续表 5.23

分 类			较 好	中 间	较 差
偏好程度	输入方式	拇指	25% 20%	15% 10%	5%
		食指	25%	20% 15%	10% 5%
		触控笔	25% 20%	15%	10% 5%
	显示大小/英寸	3.5	25%	20% 15%	10% 5%
		5.5	25%	20% 15%	10% 5%
		7.0	25%	20% 15% 10%	5%
		9.7	20%	15% 25% 10%	5%

第 6 章　实验三：输入框位置设计实验

6.1　本章导论

在实验一和实验二的基础上，本研究进一步考虑了界面设计中的另一个重要因素——输入框位置对于中文手写人机交互的影响。实验一验证了手指属性(划分、长度和宽度)和中文特性(笔画方向、笔画数和汉字结构)对于中文手写人机交互绩效和主观评价(输入时间、准确率、触框次数、满意度、工作负荷和手写区域)的显著影响。实验二验证了输入框大小、输入方式和显示大小对中文手写人机交互存在显著的主效应和交互效应。对于输入框设计的另一个重点——输入框位置来说，目前的研究尚不能确定触控设备上中文手写的最佳位置。现有手持设备的产品设计中，一般将输入框放在界面的下部，如图 6.1 所示。但是，现有的文献中没有研究结果支持这种位于界面下部的设计，这种设计能否取得最好的中文手写绩效或者最高的用户评价也未可知。值得一提的是，另一种比较常见的输入框位置设计是全屏手写设计，无论用户在触控屏幕的什么地方进行手写输入，都能被系统识别，如图 6.2 所示。在全屏手写模式下，输入框的"框"消失了，手写输入不再局限于"框"内，取而代之的是用户可以根据自己的喜好在触控屏幕上选择输入位置。本书考虑的主要是有"框"的输入方式。

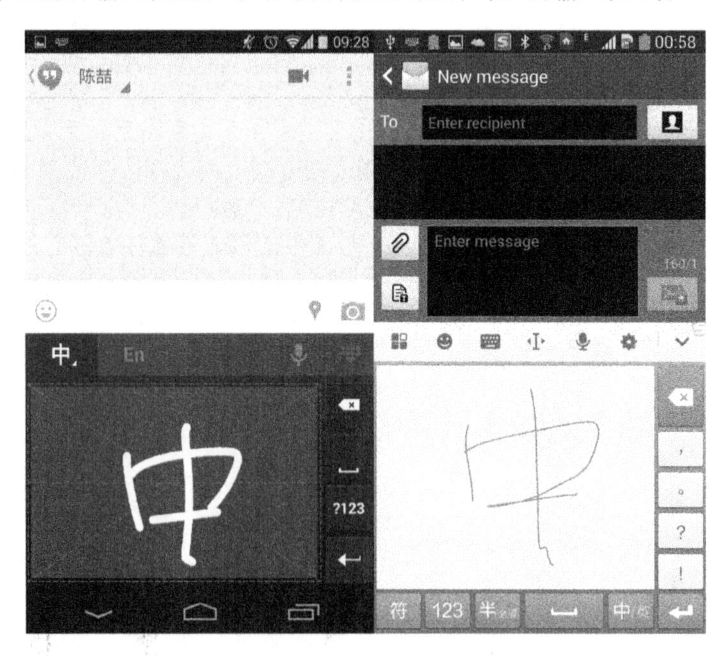

图 6.1　主流触控设备上的中文手写输入框位置

基于实验二的结论，输入框的位置很可能会和输入方式、显示大小共同对中文手写人机交互存在交互效应，如不同输入方式下的最优输入框位置可能不同，不同显示大小下的最佳输入

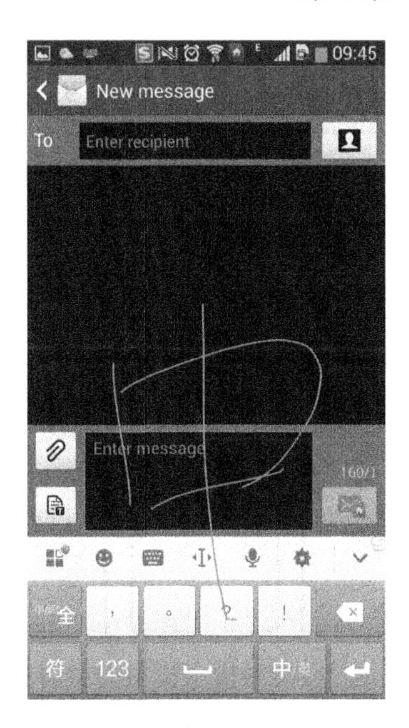

图 6.2　全屏手写的输入框设计

框位置也可能有区别，所以实验三在考虑了 3 种不同的手写输入方式和 4 种显示大小的情况下，旨在通过研究输入框位置、输入方式和显示大小对于中文手写人机交互的影响，进一步回答研究问题 2(界面设计因素是否会影响中文手写人机交互?)和研究问题 3(有效的中文手写人机交互评价指标是什么？中文手写人机交互系统的可用性如何提高?)，并验证假设 2.2、假设 2.3 以及假设 2.4。

6.2　研究方法

6.2.1　实验设计

实验三包括 3 个自变量：输入框位置(IL)、输入方式(IM)以及输入框大小(IS)。输入方式的设计和实验二类似，输入方式包括 3 个水平：单手的拇指输入、双手操作的食指输入以及双手操作的触控笔输入。实验三中输入框大小采用实验二中的最大的输入框设置(显示大小的 25%)，以降低输入框过小对手写输入的影响。3.5 英寸、5.5 英寸、7.0 英寸和 9.7 英寸设备上正方形输入框的边长分别为 30.8 cm、46.6 cm、58.9 cm 和 84.6 cm(输入框大小计算方法见表 6.1)，所以显示输入大小包括 4 个水平：3.5 英寸上的 30.8 cm、5.5 英寸上的 46.6 cm、7.0 英寸上的 58.9 cm 和 9.7 英寸上的 84.6 cm。实验三中不能区别输入框大小本身和显示大小各自的影响。为简便起见，第 6 章数据分析中的显示输入大小 3.5 英寸指的是 3.5 英寸上的 30.8 cm 输入框，显示输入大小 5.5 英寸指的是 5.5 英寸上的 46.6 cm 的输入框，以此类推。输入框位置有 5 个水平：屏幕左上角、屏幕右上角、屏幕正中央、屏幕左下角、屏幕右下角，如图 6.3 所示。实验三的因变量包括中文手写人机交互的绩效指标(输入时间 Ti、准确率 Ac、触框次数 NP 和重写次数 NR)和主观评价指标(满意度 Sa、工作负荷 MW、偏好程度 Pr)，这和实验二一致。

表 6.1　实验三 5 个水平显示大小的设备上输入框大小的边长值

显示大小/英寸	设备型号	长度/mm	宽度/mm	输入框边长/mm
3.5	苹果 iPhone 4S	76.0	50.0	30.8
5.5	三星 Note 2	124.0	70.0	46.6
7.0	三星 Tab2-P3110	154.0	90.0	58.9
9.7	苹果 iPad 1	196.0	146.0	84.6

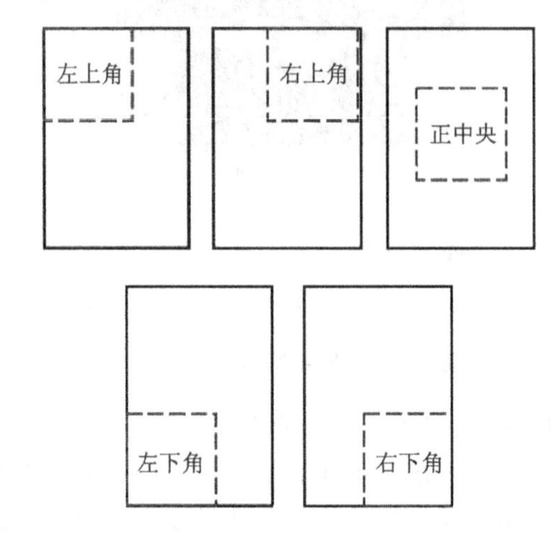

图 6.3　实验三输入框位置的 5 个水平

实验三采用混合实验设计方式，输入框位置是组内因子，输入方式和显示输入大小是组间因子。和实验二类似，7.0 英寸和 9.7 英寸设备上单手操作的拇指输入相对少见，所以将 7.0 英寸和 9.7 英寸两种显示大小中本应测试的单手操作拇指输入这一实验条件删除。实验三实验条件设计细节如表 6.2 所列，每个实验条件下有 5 名被试参与实验，每名被试需要在 5 种输入框位置上分别完成对应的手写输入任务，输入框位置的实验顺序按照拉丁方设计的方式平衡，如表 6.3 所列。表中，A 表示屏幕左上角，B 表示屏幕右上角，C 表示屏幕正中央，D 表示屏幕左下角，E 表示屏幕右下角。

表 6.2　实验三的实验设计

实验条件	输入方式	显示大小/英寸	被试人数
1	拇指	3.5	5(S1,S2,S3,S4,S5)
2		5.5	5(S1,S2,S3,S4,S5)
		7.0	—
		9.7	—
3	食指	3.5	5(S1,S2,S3,S4,S5)
4		5.5	5(S1,S2,S3,S4,S5)
5		7.0	5(S1,S2,S3,S4,S5)
6		9.7	5(S1,S2,S3,S4,S5)

续表 6.2

实验条件	输入方式	显示大小/英寸	被试人数
7	触控笔	3.5	5(S1,S2,S3,S4,S5)
8		5.5	5(S1,S2,S3,S4,S5)
9		7.0	5(S1,S2,S3,S4,S5)
10		9.7	5(S1,S2,S3,S4,S5)
总计			10×5=50

表 6.3 实验三输入框位置实验顺序的拉丁方设计

编 号	输入框位置顺序				
S1	A	B	C	D	E
S2	B	C	D	E	A
S3	C	D	E	A	B
S4	D	E	A	B	C
S5	E	A	B	C	D

实验三中，对于各个因变量，采用公式(6－1)中的一般线性模型(gheneral linear model)予以分析。其中，本研究将在结果中主要讨论各因素的主效应和二阶交互效应。

$$Y=\mu+IL+IM+DS+IL\times IM+IL\times DS+IM\times DS+IL\times IM\times DS+\varepsilon \quad (6-1)$$

其中，Y 为因变量；μ 为模型常量；ε 为残差。

6.2.2 实验被试

实验三邀请了50名学生参与，包括21名女性和29名男性。年龄从19～28岁不等，身体健康状况良好，均为右利手，无手部运动障碍，在正式实验前未进行长时间的激烈运动(例如打篮球、键盘文本输入等)，以避免手部疲劳对于正式实验中手写输入的影响。其他实验被试的背景信息如表6.4所列。94%的实验被试(47人)此前有过触控设备的使用经历，对于触控操作比较熟悉，另外6%的实验被试(3人)此前没有触控设备使用经历，但是通过正式实验前的5分钟练习任务，被试可以熟悉触控设备的操作，且实验任务中触控操作相对简单，又与使用纸笔书写中文类似，加之通过练习任务熟悉触控设备，所以缺乏触控设备使用经验对于实验结果影响非常小。另外，表中手部尺寸数据的测量依据4.2.2小节中手部尺寸测量方法，测量示意图如图4.1所示，此处不再重复描述。

表 6.4 实验三用户背景信息描述

项 目	背景信息描述
年龄	均值23.8，标准差2.8
专业	工科背景90.0%，其他10%
正在攻读或者已经获得的最高学历	本科40.0%，硕士44.0%，博士16.0%
有无触控设备使用经验	94.0%有触控设备使用经验，6.0%没有
触控设备使用时间	68.0%有6个月以上的触控设备使用经验

续表 6.4

项目	背景信息描述
触控设备操作惯用手	82.0%惯用右手,18.0%惯用左手
触控设备操作惯用手指	38.0%惯用食指,58.0%惯用拇指,4.0%惯用中指
写字惯用手	98.0%惯用右手,2.0%惯用左手
高考语文成绩	100%高考语文成绩合格
书法学习经历	52.0%曾经有书法练习经历
手掌宽/mm	均值 78.0,标准差 13.2
手掌长/mm	均值 97.5,标准差 9.2
拇指长/mm	均值 60.7,标准差 6.5
拇指宽/mm	均值 19.9,标准差 1.8
食指长/mm	均值 87.1,标准差 6.0
食指宽/mm	均值 15.6,标准差 1.3

6.2.3 实验任务

和实验二的任务类似,实验三中也包含 5 个正式任务。待输入的为 18 个中文汉字,如表 5.5 所列,这 18 个汉字是根据笔画方向、笔画数、汉字结构选出的。因为实验一验证了中文特性对于中文手写人机交互的影响。所以实验三中也考虑中文特性的影响,并通过控制变量控制中文特性的影响。实验三中,每个被试会在 1 种显示输入大小的触控设备上、在 5 种不同位置的输入框中采用 1 种输入方式分别完成这 18 个汉字的手写输入。

6.2.4 实验流程

正式实验之前,被试会被告知实验的目的和细节,如果被试同意继续参与实验,则可以签署实验知情同意书继续实验。被试首先会进行 5 分钟的手写练习任务,以熟悉实验用户界面和操作。然后在正式实验中,每个被试会依次完成不同位置输入框的 5 个手写任务。最后在每个任务完成之后,用户需要填写 3 份问卷——满意度问卷、工作负荷问卷和偏好程度问卷。任务之间被试可以休息 5 分钟以缓解手写疲劳,然后继续下一个手写任务,直至所有手写任务都完成。实验流程示意图如图 6.4 所示,实验总时间约为 50 分钟。

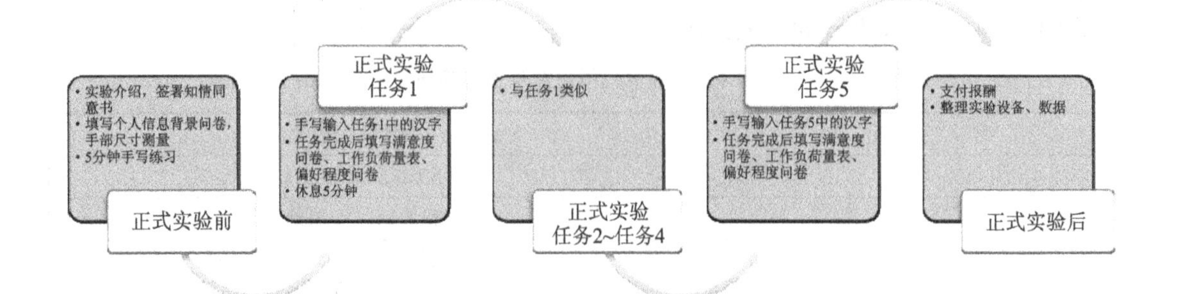

图 6.4 实验三流程示意图

6.2.5 实验设备

根据不同的显示尺寸，实验三采用了4台不同的实验设备，分别是iPhone 4S(3.5英寸)、三星Note 2(5.5英寸)、三星Tab 2-P3110(7.0英寸)和iPad 1(9.7英寸)，如第5章图5.2所示。和实验二的程序类似，实验程序是基于PHP语言的网页程序，通过使用一种开源的在线识别算法进行手写识别[123]。实验设备的相关参数见5.2.5节，基于实验设备的相关参数和实际程序测试结果，实验三的实验程序在4台设备上运行并无显著差异。实验程序被试界面和实验二的类似，如第5章图5.4所示。实验中触控笔输入任务中使用的触控笔为AluPen，如第5章图5.3所示。

每个汉字的时间、准确率、触框次数和重写次数由实验程序直接记录，满意度由7分李克特量表测量。其中，准确率的计算方式和前面一致，如果被试书写的汉字识别出来和待输入汉字一致，则识别值为1，否则为0。工作负荷问卷、满意度问卷、偏好程度问卷参考附录D、H、I。

6.3 结果与讨论

6.3.1 输入时间

实验三中，50位被试每个人在总共10种实验条件下进行了中文的手写输入，总共输入了4 500个汉字，其中，4 437个汉字有效，因为被试不小心漏写了63个汉字。总体来说，平均输入时间为5.11 s (标准差=2.92 s)。输入框位置、输入方式和显示输入大小的描述性统计分析结果如表6.5所列。

表6.5 实验三单字输入时间的描述性统计结果

s

变 量		均 值	标准差
输入框位置	左上角	5.26	3.02
	右上角	5.15	2.94
	正中央	4.94	2.71
	左下角	5.00	2.83
	右下角	5.23	3.10
输入方式	拇指	5.89	3.06
	食指	4.78	2.63
	触控笔	5.06	3.06
显示输入大小/英寸	3.5	4.66	2.69
	5.5	5.60	2.88
	7.0	6.09	3.60
	9.7	4.09	1.98

进一步，本研究使用多因素方差分析检验了3个自变量的主效应和交互效应(见表6.6)。可以看出，输入框位置、输入方式和输入大小对于输入时间有显著的主效应。以输入框位置来

说，位于正中央输入框的输入时间最短，而左上角输入框的输入时间最长。输入时间在输入框位置各水平之间的对比显示正中央和左下角的输入框较好，右下角和左上角的输入框较差。可见正中央的输入位置对于减少输入时间有帮助。

表 6.6　实验三单字输入时间的多因素方差分析结果

类　别	方差来源	自由度	F 值	P 值
组内效应	输入框位置	4	15.17	<0.001*
	输入框位置×输入方式	8	3.33	<0.001*
	输入框位置×显示输入大小	12	9.21	<0.001*
	输入框位置×输入方式×显示输入大小	16	3.80	<0.001*
	误差	3 508		
组间效应	截距	1	3 272.64	<0.001*
	输入方式	2	12.61	<0.001*
	显示输入大小	3	24.26	<0.001*
	输入方式×输入框大小	4	0.80	0.53
	误差	877		
总计		4 435		

* 表示该水平显著。

输入框位置和输入方式对输入时间有显著的二阶交互效应。由附录 L 中实验三输入时间的描述性统计完整结果可知，左下角输入框和食指输入对应的输入时间最短(均值＝4.68 s，标准差＝2.52 s)，左下角输入框和拇指输入的输入时间最长(均值＝6.04 s，标准差＝3.18 s)。图 6.5 所示为输入框位置和输入方式对输入时间的二阶交互效应。总体来说，不论采用哪种输入方式，食指输入的输入时间都是最低的。不过最佳输入框大小在拇指输入和触控笔输入的情形下有所不同，拇指输入时，右上角、正中央和左下角的输入位置更好；食指输入时，正中央的输入位置更好；触控笔输入时，正中央和左下角的输入位置最好。

输入框位置和显示输入大小对于输入时间也有显著的二阶交互效应。9.7 英寸显示输入大小和左下角输入框对应的输入时间最短(均值＝3.98 s，标准差＝1.91 s)，而 7.0 英寸显示输入大小和右下角输入框对应的输入时间最长(均值＝6.57 s，标准差＝4.08 s)。图 6.6 所示为输入框位置和显示输入大小对于输入时间的影响，可见，在 3.5 英寸显示输入大小下，左下角和正中央的输入框最好；对于 5.5 英寸显示输入大小来说，正中央和右上角的输入位置较好；对于 7.0 英寸显示输入大小来说，右上角、正中央的输入位置较好；在 9.7 英寸显示输入大小下，各个输入框大小的输入时间则无明显差异。这说明在大尺寸显示的手持触控设备上进行手写输入时，输入框的位置对输入时间的影响不大。

• 设计建议：显示尺寸较大时，输入框位置对于输入时间的影响不大。

从输入方式来看，食指输入的输入时间最短，而拇指输入的输入时间最长。从显示输入大小来看，9.7 英寸设备上的输入时间最短，而 7.0 英寸设备上的输入时间最长。

同时，输入方式和显示输入大小对输入时间的二阶交互效应显著，如图 6.7 所示。3.5 英寸设备上的食指输入的输入时间最短(均值＝4.00 s，标准差＝2.10 s)，而 7 英寸设备上的触控笔输入的输入时间最长(均值＝6.38 s，标准差＝4.00 s)。

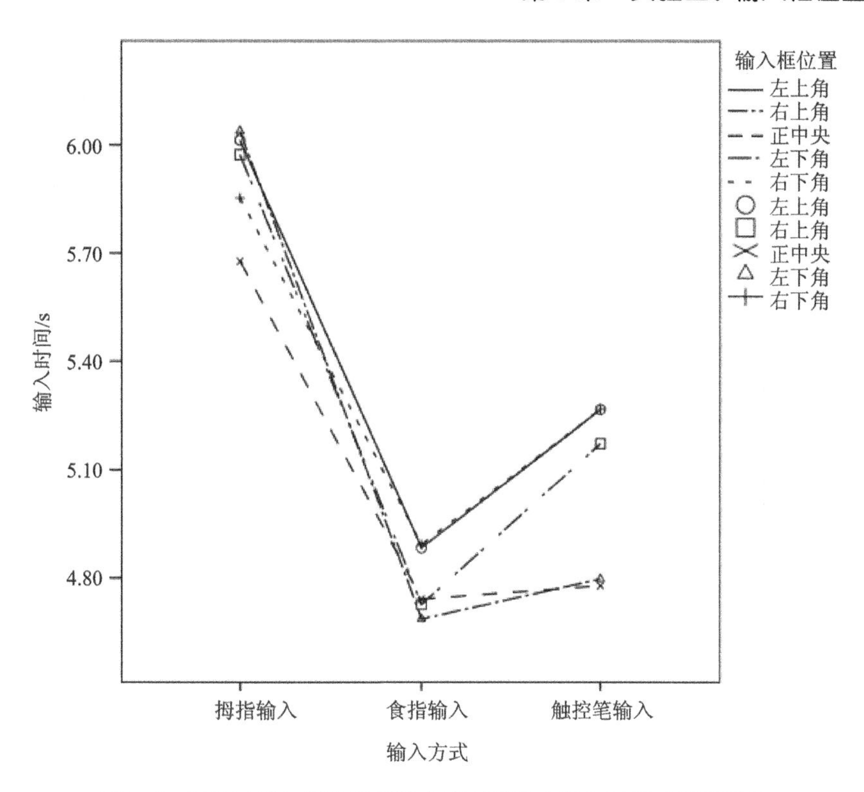

图 6.5　实验三输入框位置和输入方式对单字输入时间的交互效应

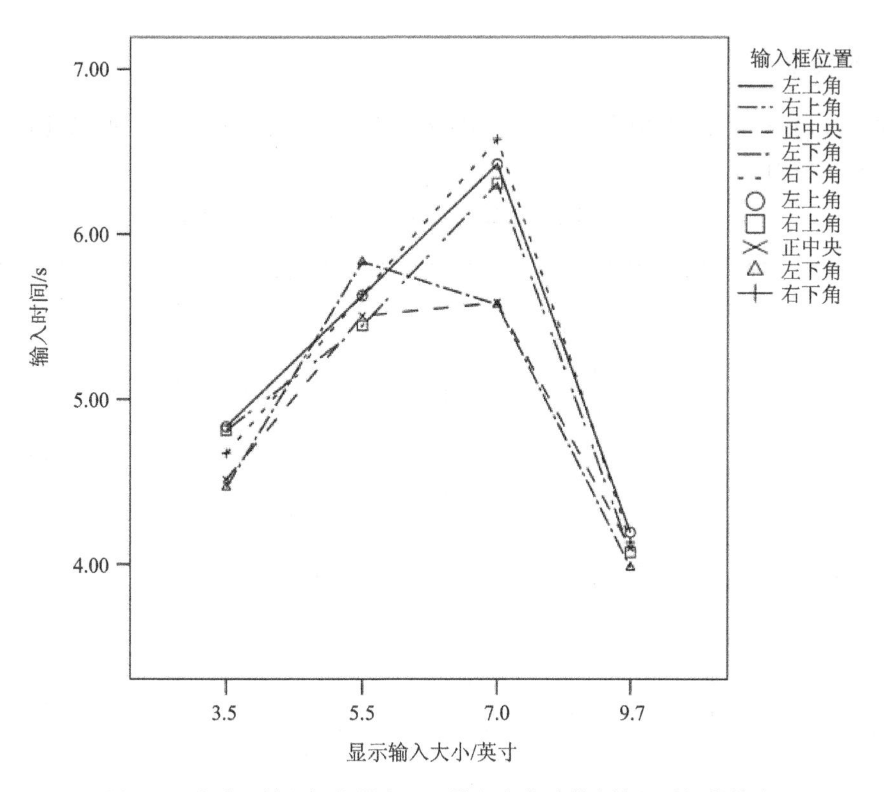

图 6.6　实验三输入框位置和显示输入大小对单字输入时间的效应

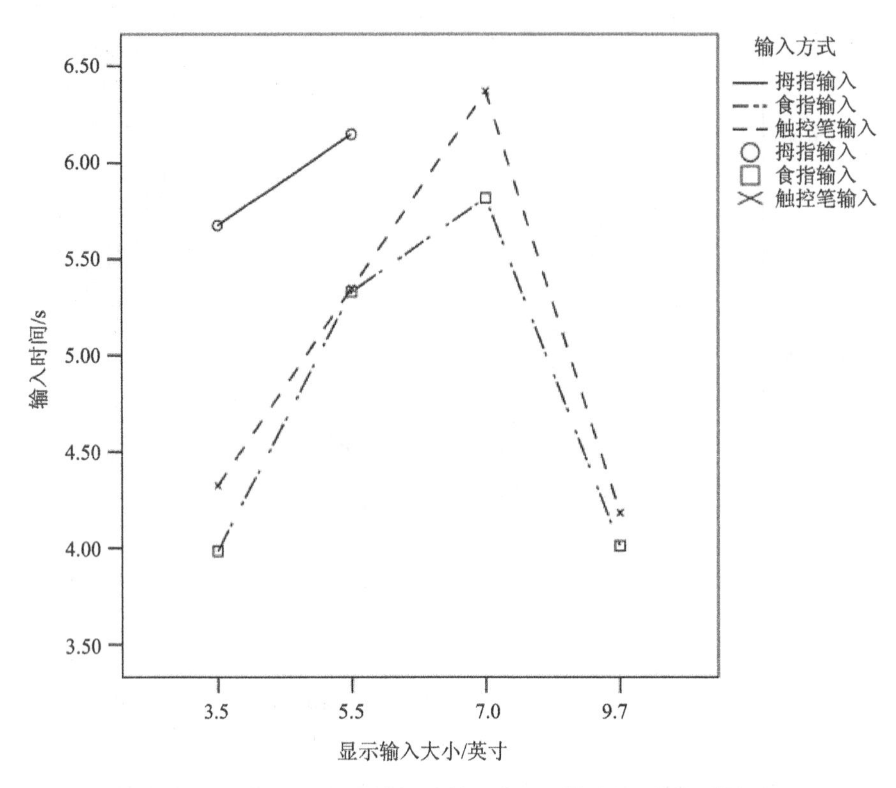

图 6.7　实验三输入方式和显示输入大小对单字输入时间的效应

6.3.2　准确率

实验三准确率(每字)的均值为 52%(标准差=50%)。各变量各水平的描述性统计分析结果如表 6.7 所列。

表 6.7　实验三准确率(每字)的描述性统计分析结果

%

变　量		均　值	标准差
输入框位置	左上角	52	50
	右上角	52	50
	正中央	53	50
	左下角	50	50
	右下角	52	50
输入方式	拇指	50	50
	食指	53	50
	触控笔	52	50
显示输入大小/英寸	3.5	55	50
	5.5	50	50
	7.0	51	50
	9.7	49	50

如表 6.8 所列，多因素方差分析结果进一步验证了输入方式和显示输入大小对于准确率的显著影响。以输入框位置来说，虽然多因素方差分析的结果并无显著差异，但是从描述性统计结果看，正中央输入框的准确率最高，左下角输入框的准确率最低。

表 6.8　实验三准确率(每字)的多因素方差分析结果

类　别	方差来源	自由度	F 值	P 值
组内效应	输入框位置	4	1.60	0.17
	输入框位置×输入方式	8	3.18	<0.001*
	输入框位置×显示输入大小	12	1.93	0.03*
	输入框位置×输入方式×显示输入大小	16	1.14	0.31
	误差	3 508		
组间效应	截距	1	1 447.26	<0.001*
	输入方式	2	0.95	0.39
	显示输入大小	3	1.76	0.15
	输入方式×显示输入大小	4	0.93	0.44
	误差	877		
总计		4 435		

* 表示该水平显著。

输入框大小和输入方式对于准确率有显著的二阶交互效应。从附录 L.2 中可以看到，右下角输入框和拇指输入的准确率最高(均值=55%，标准差=50%)，而左下角输入框和拇指输入的准确率最低(均值=41%，49%)。输入框大小和输入方式对于准确率的影响如图 6.8 所示，从图中可见，输入框位置与输入方式对于准确率的影响情况比较复杂，并无较明显的规律和趋势。以拇指输入来说，右下角和右上角输入框的准确率更高，这是由于在拇指输入的单手操作过程中，右下角和右上角的输入框相对来说离手指距离更近。以食指输入来说，正中央的输入框较好。以触控笔输入来说，正中央和左下角的输入框较好。所以双手进行手写输入时，不论是采用食指输入还是触控笔输入，正中央的输入框都能得到更好的准确率。

• 设计建议：双手输入时(包括食指输入和触控笔输入)，采用正中央的输入框位置能够提高准确率。

此外，输入框位置和显示输入大小对准确率有显著的二阶交互效应(见图 6.9)。3.5 英寸显示输入大小和右下角输入框、7.0 英寸显示输入大小和正中央输入框的准确率最高(均值=58%，标准差=50%)，9.7 英寸显示输入大小和左上角输入框的准确率最低(均值=42%，标准差=50%)。

6.3.3　触框次数

实验三触框次数的均值为 0.22(标准差=0.97)。实验三触框次数的描述性统计分析结果如表 6.9 所列。进一步，如表 6.10 所列，多因素方差分析的结果显示输入框位置、输入方式和显示输入大小均对触框次数有显著的主效应和多阶交互效应。从输入框位置来看，右下角输入框的触框次数最低而左上角的触框次数最高。

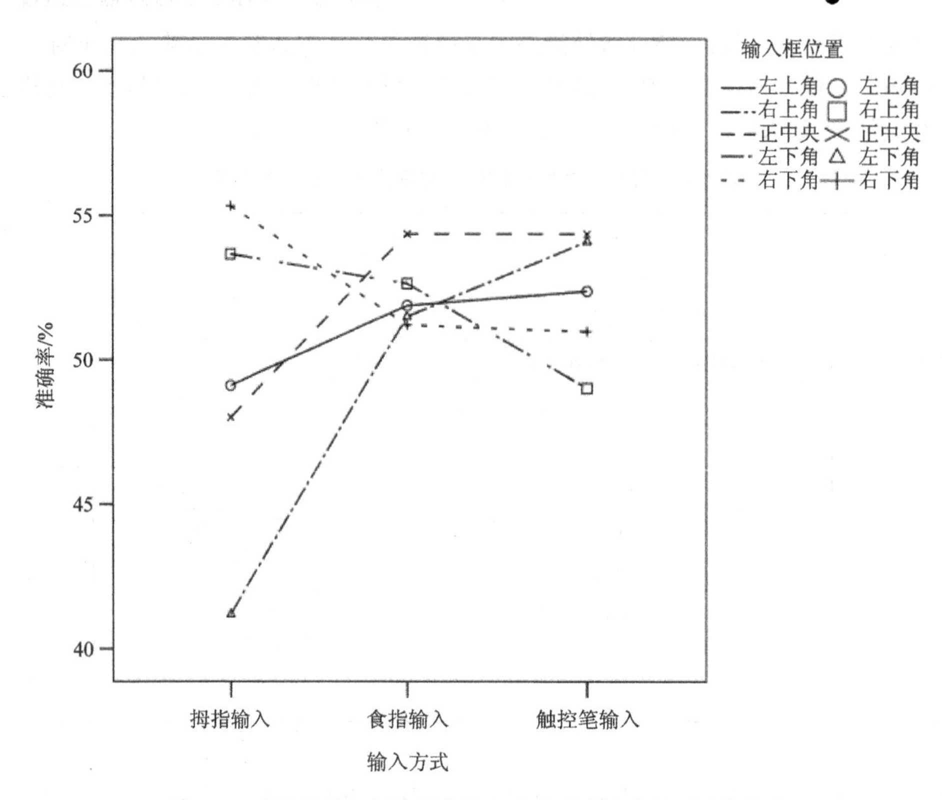

图 6.8　实验三输入框位置和输入方式对准确率(每字)的效应

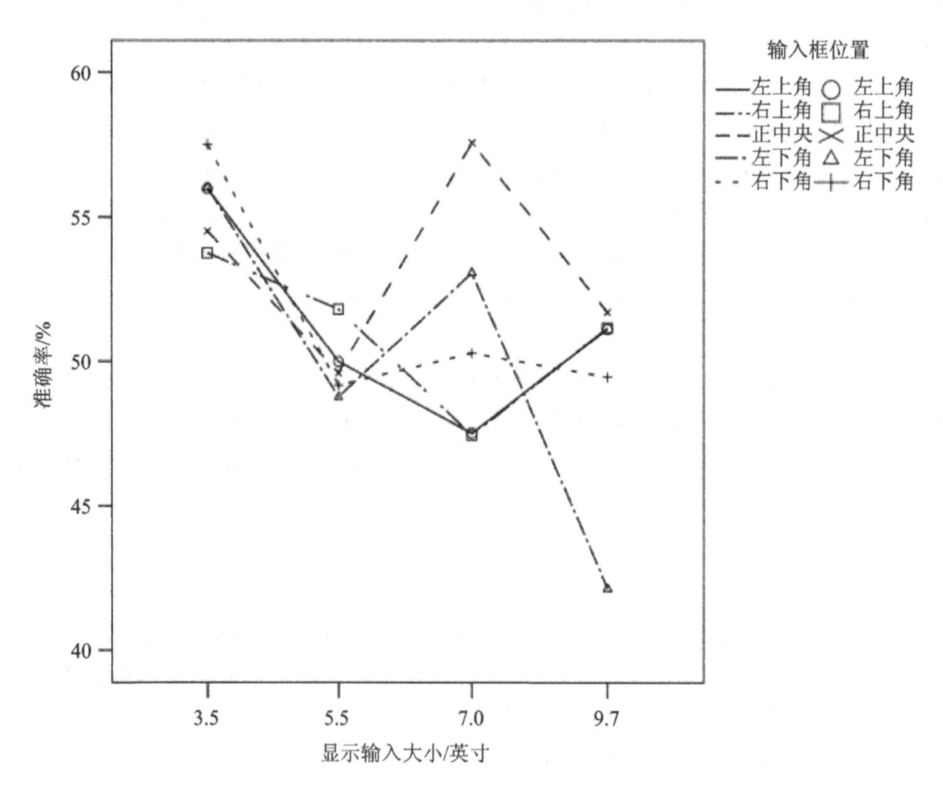

图 6.9　实验三输入方式和显示输入大小对准确率(每字)的效应

表 6.9 实验三触框次数(每字)的描述性统计分析结果

变 量		均 值	标准差
输入框位置	左上角	0.36	1.16
	右上角	0.16	0.62
	正中央	0.35	1.32
	左下角	0.20	1.03
	右下角	0.04	0.38
输入方式	拇指	0.61	1.72
	食指	0.17	0.76
	触控笔	0.08	0.45
显示输入大小/英寸	3.5	0.40	1.42
	5.5	0.23	0.90
	7.0	0.11	0.54
	9.7	0.05	0.34

表 6.10 实验三触框次数(每字)的多因素方差分析结果

类 别	方差来源	自由度	F 值	P 值
组内效应	输入框位置	4	26.81	<0.001*
	输入框位置×输入方式	8	6.83	<0.001*
	输入框位置×显示输入大小	12	4.19	<0.001*
	输入框位置×输入方式×显示输入大小	16	2.81	<0.001*
	误差	3 508		
组间效应	截距	1	154.60	<0.001*
	输入方式	2	36.98	<0.001*
	显示输入大小	3	5.40	<0.001*
	输入方式×显示输入大小	4	2.26	0.06*
	误差	877		
总计		4 435		

* 表示该水平显著。

从输入框位置和输入方式的二阶交互效应(见图 6.10)来看,右下角输入框的触控笔输入的触框次数最低(均值=0.03,标准差=0.30),而正中央输入框的拇指输入的触框次数最高(均值=0.99,标准差=2.33)。从图中可以看出,各种位置的输入框都在拇指输入时的触框次数最高,在触控笔输入时的触框次数最低。这是由于触控笔的操作和被试从小所练习的纸笔汉字输入方式十分类似,被试熟悉这种手写方式,所以在触控笔输入时的操作更为精确。同时,触控笔的另外一个影响就是使得输入框位置对于触框次数的影响减小。所以在输入框位置因为某种原因不得不放置在一个手写输入时触框次数很高的位置时,产品设计者可以利用额外的触控笔降低输入框位置带来的不良影响。

从输入框位置×输入方式×显示输入大小的三阶效应来看,3.5 英寸设备右下角输入框

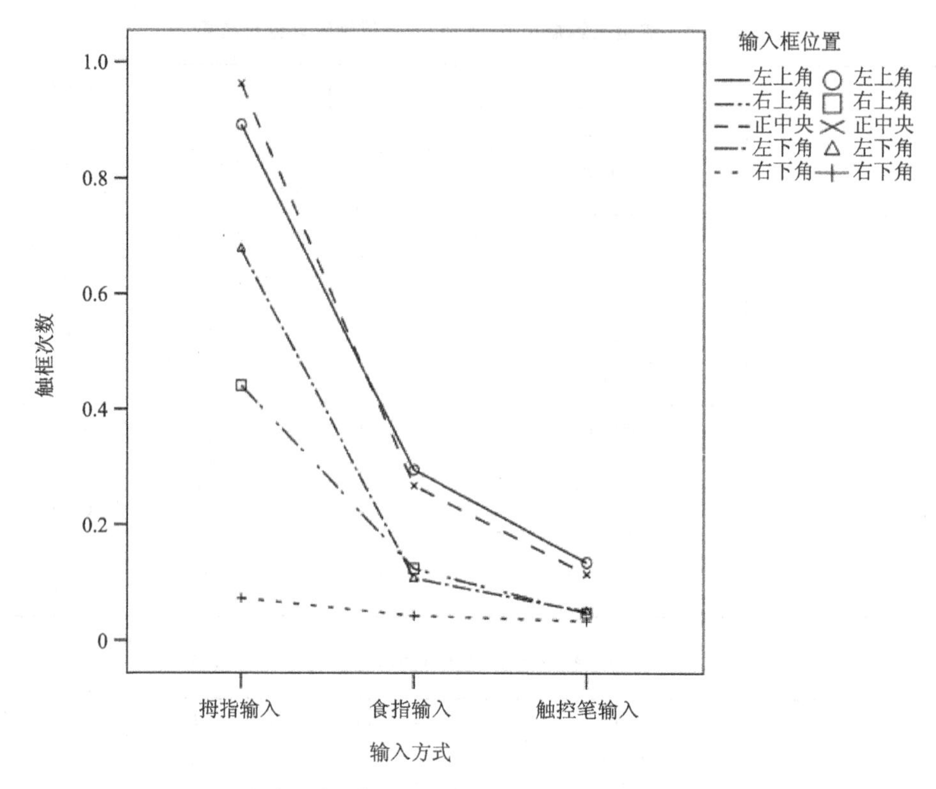

图 6.10 实验三输入框位置和输入方式对触框次数(每字)的效应

上的触控笔输入、7.0 英寸设备右下角输入框上的触控笔输入、9.7 英寸设备右上角输入框的食指输入和触控笔输入,以及 9.7 英寸设备右下角输入框的食指输入,这四种情形对应的触框次数最低(均值=0.00,标准差=0.00),而 3.5 英寸设备正中央输入框上拇指输入对应的触框次数最高(均值=1.52,标准差=3.00)。

从输入框位置和显示输入大小对触框次数的二阶交互效应来看,9.7 英寸设备上右上角输入框的触框次数最低(均值=0.00,标准差=0.00),而 3.5 英寸设备上的正中央输入框的触框次数最高(均值=0.80,标准差=2.13)。输入框位置和显示输入大小对于触框次数的影响如图 6.11 所示。可见,除了右下角输入框,其他位置的输入框上触框次数都随着显示尺寸的增加而减少。而且在大尺寸显示的设备上,输入框位置对于触框次数的影响变小了。从图中也可以看到,触控笔还能减少显示尺寸对于触框次数的影响。

• 设计建议:使用额外的触控笔以降低输入框位置不佳时手指输入可能产生的高触框次数。

从输入方式来看,触控笔输入的触框次数最低而拇指输入的触框次数最高。从显示输入大小来说,9.7 英寸设备的触框次数最低而 3.5 英寸设备的触框次数最高。从输入方式和显示输入大小的二阶交互效应(见图 6.12)来看,9.7 英寸设备上的食指输入的触框次数最小(均值=0.03,标准差=0.30),而 3.5 英寸上的拇指输入的触框次数最大(均值=0.75,标准差=2.07)。

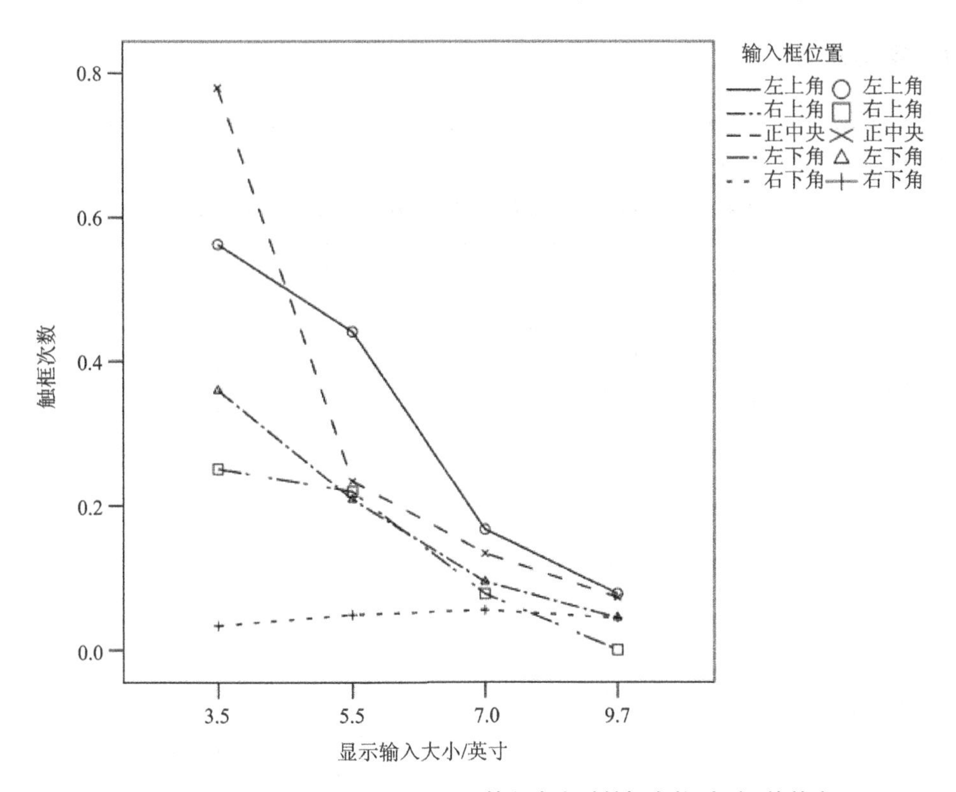

图 6.11　实验三输入框位置和显示输入大小对触框次数(每字)的效应

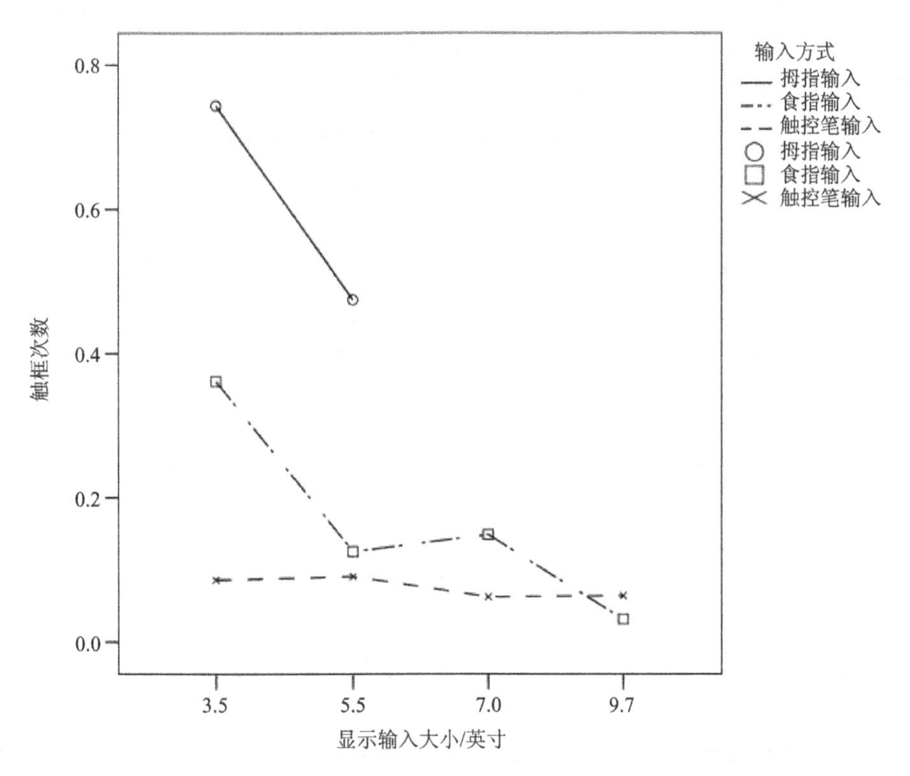

图 6.12　实验三输入方式和显示输入大小对触框次数(每字)的效应

6.3.4 重写次数

重写次数的均值为0.18(标准差=0.60)。输入框位置、输入方式和显示输入大小的描述性统计分析结果如表6.11所列。

表6.11 实验三重写次数(每字)的描述性统计分析结果

变 量		均 值	标准差
输入框位置	左上角	0.23	0.72
	右上角	0.19	0.59
	正中央	0.17	0.59
	左下角	0.15	0.53
	右下角	0.16	0.58
输入方式	拇指	0.21	0.59
	食指	0.14	0.47
	触控笔	0.21	0.71
显示输入大小/英寸	3.5	0.20	0.65
	5.5	0.25	0.71
	7.0	0.14	0.54
	9.7	0.07	0.34

如表6.12所列,多因素方差分析的结果验证了输入方式和显示输入大小对于重写次数的显著影响。其中,输入框位置的主效应显著:左下角输入框的重写次数最低,而左上角输入框的重写次数最高。触框次数在各个输入框位置上的详细结果参见附录L.3。

表6.12 实验三重写次数(每字)的多因素方差分析结果

类 别	方差来源	自由度	*F* 值	*P* 值
组内效应	输入框位置	4	2.28	0.06
	输入框位置×输入方式	8	1.56	0.13
	输入框位置×显示输入大小	12	4.15	<0.001*
	输入框位置×输入方式×显示输入大小	16	1.06	0.39
	误差	3 508		
组间效应	截距	1	197.86	<0.001*
	输入方式	2	3.99	0.02*
	显示输入大小	3	10.07	<0.001*
	输入方式×显示输入大小	4	3.74	0.01*
	误差	877		
总计		4 435		

* 表示该水平显著。

输入框位置和输入方式对重写次数的二阶交互效应显著。如图6.13所示,左下角输入框和食指输入的重写次数最低(均值=0.10,标准差=0.40),而左上角输入框和触控笔输入的重写次数最高(均值=0.28,标准差=0.87)。从图中还可以看到,无论采用哪种输入框大小,食指输入的重写次数最低。

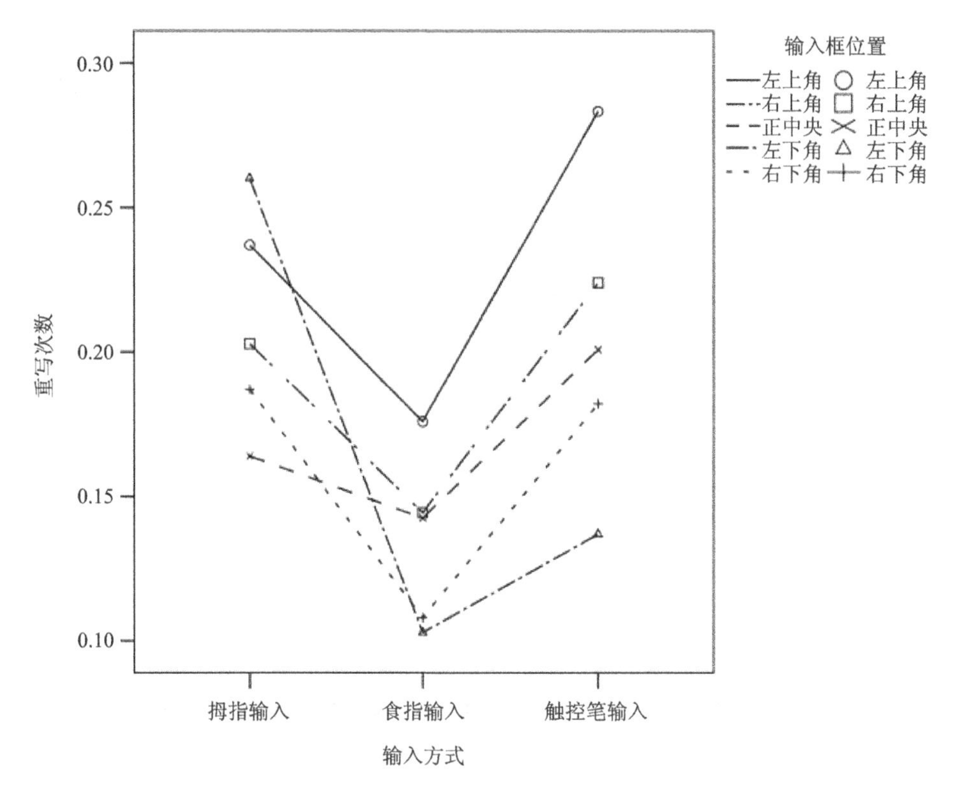

图 6.13　实验三输入框位置和输入方式对重写次数(每字)的效应

输入框位置和显示输入大小对重写次数的二阶交互效应显著。如图 6.14 所示,9.7 英寸设备左下角输入框对应的重写次数最低(均值=0.13,标准差=0.17),而 5.5 英寸设备正中央输入框的重写次数最高(均值=0.32,标准差=0.87)。从图 6.14 可见,输入框位置和显示输入大小对于重写次数的影响并没有明显的规律。这也从另一个方面说明在不同显示尺寸上,输入框位置应该做相应的调整。关于输入框位置、输入方式和显示输入大小的完整描述性统计分析请参见附录 L.4。

• 设计建议:输入框位置应该随着显示尺寸变化而调整。

事后检验的结果显示,从输入方式来看,食指输入的重写次数较低,而拇指输入和触控笔输入的重写次数较高。从显示输入大小来看,9.7 英寸设备上的重写次数最低,而 5.5 英寸设备上的重写次数最高。从输入方式和显示输入大小的二阶交互效应(见图 6.15)来看,9.7 英寸设备上食指输入的重写次数最低(均值=0.06,标准差=0.29),而 5.5 英寸上触控笔输入的重写次数最高(均值=0.37,标准差=0.92)。

6.3.5　满意度

实验二中,关于满意度、工作负荷和偏好程度的问卷分别有 250 份(50 名被试×5 份问卷)。主观评价得分中,满意度的平均分为 3.15(标准差=0.99)。关于输入框位置、输入方式和显示输入大小的更多描述性统计分析如表 6.13 所列。

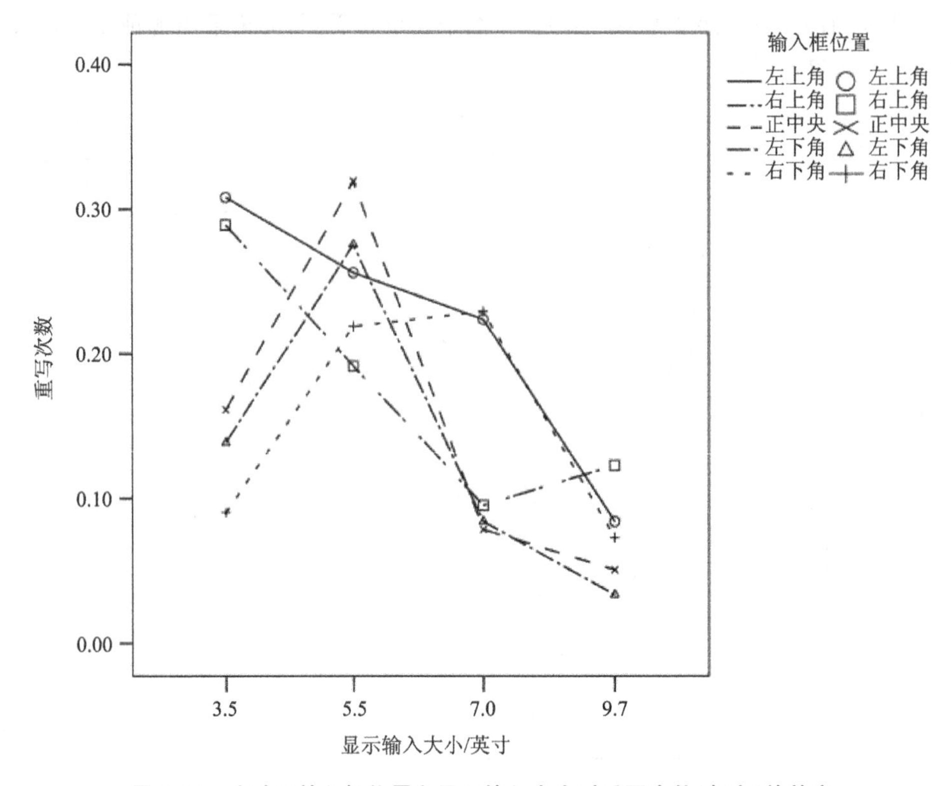

图 6.14　实验三输入框位置和显示输入大小对重写次数(每字)的效应

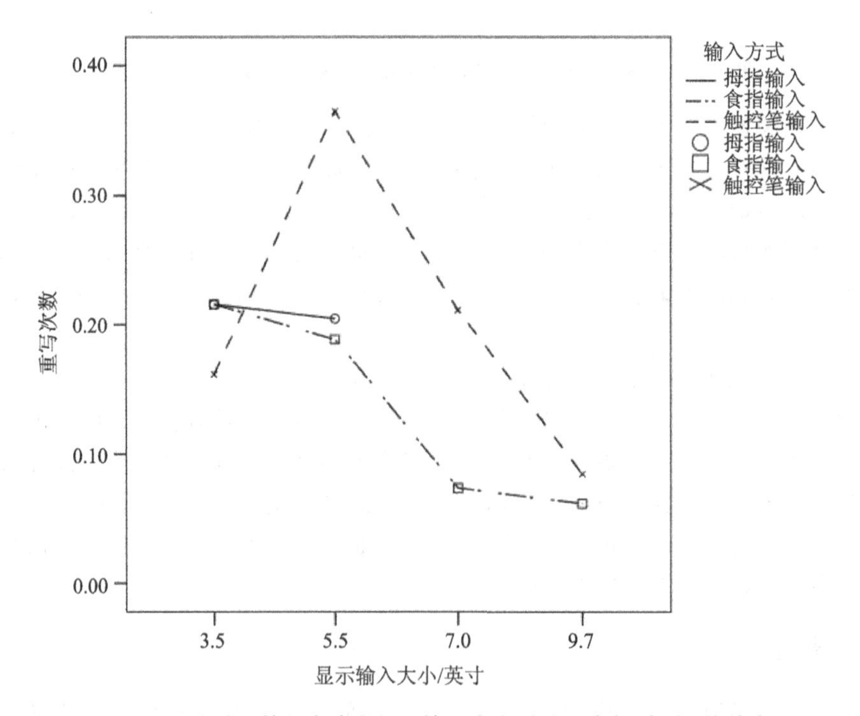

图 6.15　实验三输入方式和显示输入大小对重写次数(每字)的效应

表 6.13　实验三满意度的描述性统计分析结果

变　量		均　值	标准差
输入框位置	左上角	2.76	0.96
	右上角	3.16	0.87
	正中央	3.49	0.94
	左下角	3.16	1.09
	右下角	3.16	0.99
输入方式	拇指	2.65	1.06
	食指	3.41	0.86
	触控笔	3.13	0.99
显示输入大小/英寸	3.5	3.17	0.89
	5.5	2.63	1.03
	7.0	3.27	0.72
	9.7	3.76	0.93

如表 6.14 所列，多因素方差分析的结果显示输入框位置、输入方式和显示输入大小对于满意度得分有显著的影响。从输入框位置来看，正中央的输入框的满意度评分最高而左上角输入框的满意度最低。事后检验结果也显示，正中央输入框的满意度得分显著高于其他的输入框位置，而左上角输入框的满意度得分显著低于其他的输入框位置，其他三个输入框位置的满意度得分之间则无显著差别。总体来说，满意度的得分并没有超过 4(4 对应满意度问卷中的“中立”)，这说明被试对于手写的整体过程普遍处于不满意的状态。这一方面是因为中文手写过程本身是一个相对单调乏味的过程，另一方面也说明了用户的手写体验不高，因此需要更多地从用户的角度出发来考虑设计中文手写人机交互系统，以提高手写用户的满意度。

表 6.14　实验三满意度的多因素方差分析结果

类　别	方差来源	自由度	F 值	P 值
组内效应	输入框位置	4	11.25	<0.001*
	输入框位置×输入方式	8	2.352	0.02*
	输入框位置×显示输入大小	12	4.42	<0.001*
	输入框位置×输入方式×显示输入大小	16	2.50	<0.001*
	误差	160		
组间效应	截距	1	1 037.05	<0.001*
	输入方式	2	1.89	0.16
	显示输入大小	3	4.43	0.01*
	输入方式×显示输入大小	4	1.01	0.41
	误差	40		
总计		250		

*表示该水平显著。

方差分析的结果也显示输入框位置×输入方式和输入框位置×显示输入大小对于满意度

得分有显著的二阶效应。从输入框位置×输入方式来说，正中央输入框上食指输入的满意度得分最高（均值＝3.63，标准差＝0.74），而左上角输入框上拇指输入的满意度得分最低（均值＝2.27，标准差＝1.03）。图 6.16 所示为输入框位置和输入方式对满意度的二阶交互效应，由图可见，拇指输入时，正中央和右上角的输入框的满意度得分更高。这是由于拇指输入需要单手操作，在单手握住触控设备时拇指更为自然和舒适的输入位置应该在设备屏幕的中部以上。而左上角输入框又较远，导致拇指长度较短的人输入较为困难，所以正中央和右上角位置的满意度得分更高。食指输入时，满意度最高的也是正中央输入框，右下角输入框次之，左下角和右上角位置的得分处于中间水平，而左上角的输入位置得分最低。触控笔输入时，正中央位置的满意度得分最高，左下角次之，右下角和右上角处于中间，满意度得分最低的依然是左上角位置。食指输入和触控笔输入的满意度得分总体较拇指输入更高，这是因为这两种输入方式都是双手操作，手部活动的空间范围更大，所以对于输入框位置的要求不如拇指输入严格。在 3 种输入方式下，输入框位置各个水平的满意度得分的描述性统计分析见附录 L.5。

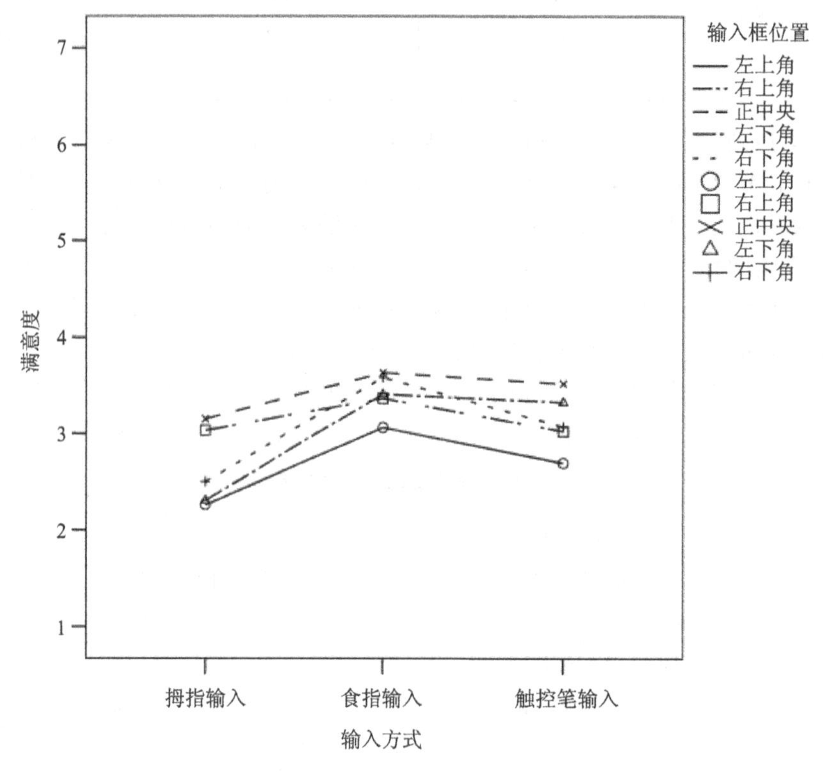

图 6.16　实验三输入框位置和输入方式对满意度的交互效应

- 设计建议：正中央的输入框设计有利于提高用户满意度。
- 设计建议：考虑单手操作拇指输入时，输入框应该位于屏幕中央或者右上角位置。

从输入框位置×显示输入大小来看，9.7 英寸设备正中央输入框的满意度评分最高（均值＝4.03，标准差＝0.75），而 5.5 英寸设备左下角输入框的满意度评分最低（均值＝2.09，标准差＝1.08）。图 6.17 所示为输入框位置和显示输入大小对满意度的二阶交互效应，从图中可以看出，除了右上角输入框以外，在其他的输入位置，满意度得分在 5.5 英寸到达最低值，然后随着触控设备显示尺寸的增加而增大，到 9.7 英寸显示输入大小时满意度达到最高值。除了5.5英寸显示输入大小以外，其他显示输入大小上正中央输入框的满意度得分最高。对于5.5英寸显示输入大小的触控设备来说，最佳的输入框位置是右上角。为何5.5英寸的显示输入大小如此特殊呢？对于手部尺寸较小(拇指较短，手掌较小)的被试来说，单手握住5.5英寸显示输入大小的设备后，拇指仅能够到屏幕的右边，所以对于屏幕右边位置的输入框位置满意度更高。值得注意的是，5英寸可以看作是单手操作与双手操作的分水岭。现代触控技术的成熟使得智能手机的显示尺寸逐渐增大，5.5英寸显示输入大小的触控设备在单手操作时既可以看作是智能手机，也可以看作是平板电脑。加之触控设备上软件应用的飞速发展也让手机和平板电脑之间的界限越来越模糊，智能手机和平板电脑之间的用户行为也存在诸多相似之处。但是相对大尺寸的平板电脑和相对小尺寸的智能手机之间的触控操作却依然存在一定差异，例如，即使现有部分平板电脑已经具有智能手机的通话功能，仍然鲜有用户单手举着大尺寸的平板电脑放到耳边接电话。所以，在设计用户交互界面时需要很好地理解这种差异。

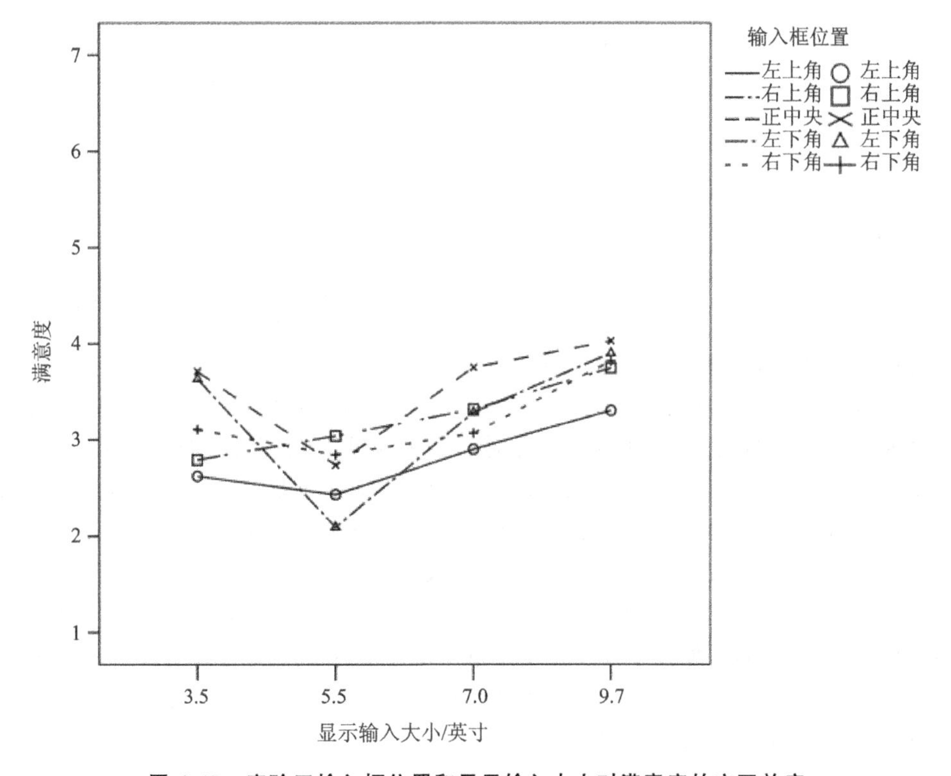

图6.17　实验三输入框位置和显示输入大小对满意度的交互效应

• 设计建议：将5.5英寸显示大小的触控设备上的中文手写输入框置于屏幕右侧，如屏幕右上角或者右下角。

另外，从输入方式来看，食指输入的满意度评分最高而拇指输入的满意度最低。从显示输入大小来看，9.7英寸的设备的满意度评分最高而5.5英寸设备的满意度最低。输入方式×显示输入大小对于满意度得分有显著的二阶交互效应。从输入方式×显示输入大小来看，9.7英寸设备上的触控笔输入对应的满意度评分最高(均值=3.78，标准差=0.92)，而5.5英寸设备上的触控笔输入的满意度评分最低(均值=2.23，标准差=0.91)。此外，输入框位置×输入方式×显示输入大小对满意度的三阶交互效应也是显著的。

6.3.6 工作负荷

实验三工作负荷的平均得分为44.66(标准差=18.39)。输入框位置、输入方式和显示输入大小关于工作负荷的进一步描述性统计分析结果如表6.15所列。

表6.15 实验三工作负荷的描述性统计分析结果

变量		均值	标准差
输入框位置	左上角	46.98	18.64
	右上角	45.71	18.74
	正中央	43.76	18.42
	左下角	44.00	19.76
	右下角	42.87	16.71
输入方式	拇指	47.11	21.19
	食指	42.82	15.98
	触控笔	45.28	19.13
显示输入大小/英寸	3.5	45.62	20.83
	5.5	51.77	12.29
	7.0	43.68	18.62
	9.7	33.56	16.83

如表6.16所列,多因素方差分析研究了输入框位置、输入方式和显示输入大小对于工作负荷的影响的显著性。研究结果显示输入框位置×显示输入大小对工作负荷得分有显著的二阶交互效应。9.7英寸设备右下角和右上角输入框的工作负荷得分最低(均值=30.98,标准差=14.80),而5.5英寸设备左下角输入框的工作负荷得分最高(均值=54.54,标准差=15.52)。图6.18所示为输入框位置和显示输入大小对工作负荷的二阶效应,从图中可以看出,对于左上角的输入框来说,工作负荷随着显示尺寸的增加而降低,对于其他4种输入框位置——右上角、正中央、左下角和右下角来说,工作负荷在5.5英寸显示输入大小下达到最高值,然后随着显示尺寸的增加而下降。这结果进一步说明了6.3.5小节中关于5.5英寸这一显示输入大小的讨论——5.5英寸是一个触控操作的临界尺寸,介于单手操作和双手操作之间,在交互界面设计中需要特别考虑。

表6.16 实验三工作负荷的多因素方差分析结果

类别	方差来源	自由度	*F* 值	*P* 值
组内效应	输入框位置	4	1.25	0.29
	输入框位置×输入方式	8	0.74	0.66
	输入框位置×显示输入大小	12	2.10	0.02*
	输入框位置×输入方式×显示输入大小	16	1.22	0.26
	误差	160		

续表 6.16

类 别	方差来源	自由度	F 值	P 值
组间效应	截距	1	419.01	<0.001*
	输入方式	2	0.23	0.79
	显示输入大小	3	3.12	0.04*
	输入方式×显示输入大小	4	1.99	0.11
	误差	40		
总计		250		

* 表示该水平显著。

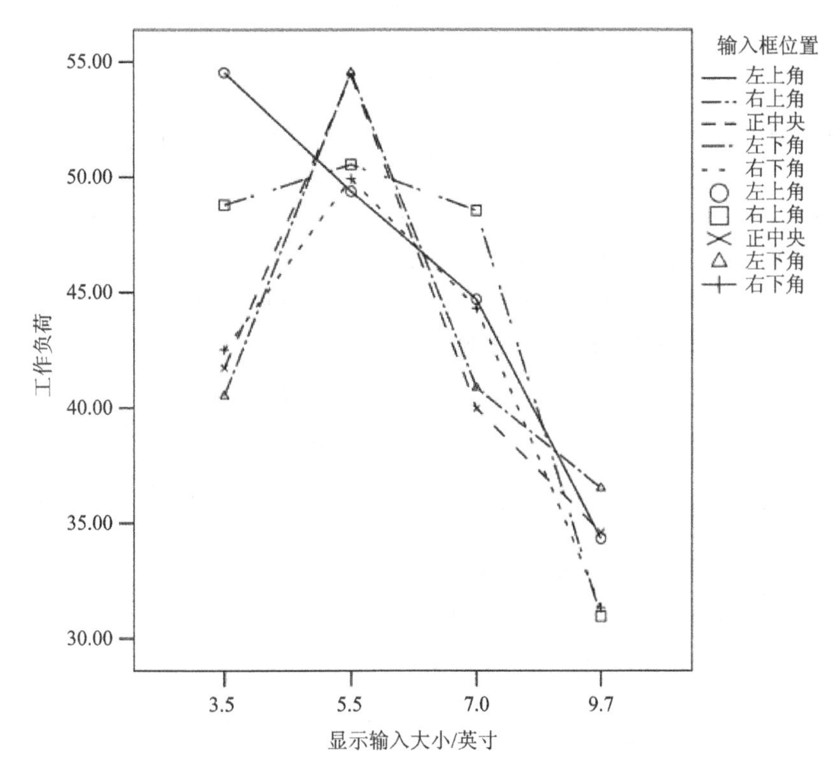

图 6.18 实验三输入框位置和显示输入大小对工作负荷的交互效应

• 设计建议：输入框位置的设计，需要特别考虑 5 英寸显示输入大小的设备。

此外，显示输入大小对于工作负荷有显著的主效应。9.7 英寸设备对应的工作负荷最低(均值＝33.56，标准差＝16.83)，而 5.5 英寸设备对应的工作负荷最高(均值＝51.77，标准差＝12.29)。

6.3.7 偏好程度

实验三偏好程度得分的均值为 4.07(标准差＝1.73)。输入框位置、输入方式和显示输入大小的进一步描述性统计分析结果如表 6.17 所列。

表 6.17　实验三偏好程度的描述性统计分析结果

变　量		均　值	标准差
输入框位置	左上角	3.00	1.53
	右上角	4.20	1.62
	正中央	5.08	1.47
	左下角	3.84	1.77
	右下角	4.26	1.61
输入方式	拇指	3.41	1.74
	食指	4.51	1.69
	触控笔	3.97	1.65
显示输入大小/英寸	3.5	3.92	1.57
	5.5	3.68	1.91
	7.0	4.74	1.43
	9.7	4.21	1.78

如表 6.18 所列，多因素方差分析的结果显示输入框位置、输入方式和显示输入大小对于偏好程度有显著的主效应。从输入框位置来看，正中央输入框的偏好程度和满意度得分最高，左上角输入框的偏好程度和满意度得分最低。

表 6.18　实验三偏好程度的多因素方差分析结果

类　别	方差来源	自由度	*F* 值	*P* 值
组内效应	输入框位置	4	15.91	<0.001*
	输入框位置×输入方式	8	1.80	0.08
	输入框位置×显示输入大小	12	3.12	<0.001*
	输入框位置×输入方式×显示输入大小	16	1.07	0.39
	误差	160		
组间效应	截距	1	967.85	<0.001*
	输入方式	2	3.40	0.04*
	显示输入大小	3	1.76	0.17
	输入方式×显示输入大小	4	1.91	0.13
	误差	40		
总计		250		

* 表示该水平显著。

实验三关于拇指输入位置与手写绩效的结果（输入时间、准确率、触框次数、重写次数）显示拇指输入的最佳位置是正中央和右上角。研究指出智能手持设备上单手拇指操作时，在拇指自然放松状态下的位置进行触控操作时的绩效最高，其中自然放松状态指的是拇指不过度弯曲或者延展[5]。综合考虑满意度、工作负荷和偏好程度的结果，拇指输入的最佳位置是正中央。

- 设计建议：正中央输入框可以提高用户的偏好程度。
- 设计建议：避免让用户在屏幕左上角位置进行输入。

多因素方差分析的结果显示，输入框位置×显示输入大小对于偏好程度有显著的二阶交互效应。以输入框位置×显示输入大小来说，7 英寸显示输入大小和正中央输入框的偏好程度得分最高（均值＝5.60，标准差＝0.70），而 3.5 英寸和左上角输入框的偏好程度得分最低（均值＝2.47，标准差＝0.92）。图 6.19 所示为输入框位置和显示输入大小对于偏好程度的交互效应，该图说明了两点。第一，无论显示输入大小如何，正中央输入框的偏好程度普遍得分较高，其中在 3.5 英寸、7.0 英寸和 9.7 英寸下正中央输入框的得分都是最高，5.5 英寸下正中央输入框的得分第二高。第二，左上角输入框的偏好程度普遍得分偏低，在 3.5 英寸和 9.7 英寸的显示输入大小下左上角输入框都是最低，而在 5.5 英寸和 7.0 英寸下的得分仅仅略高于最小值（左下角得分最低）。

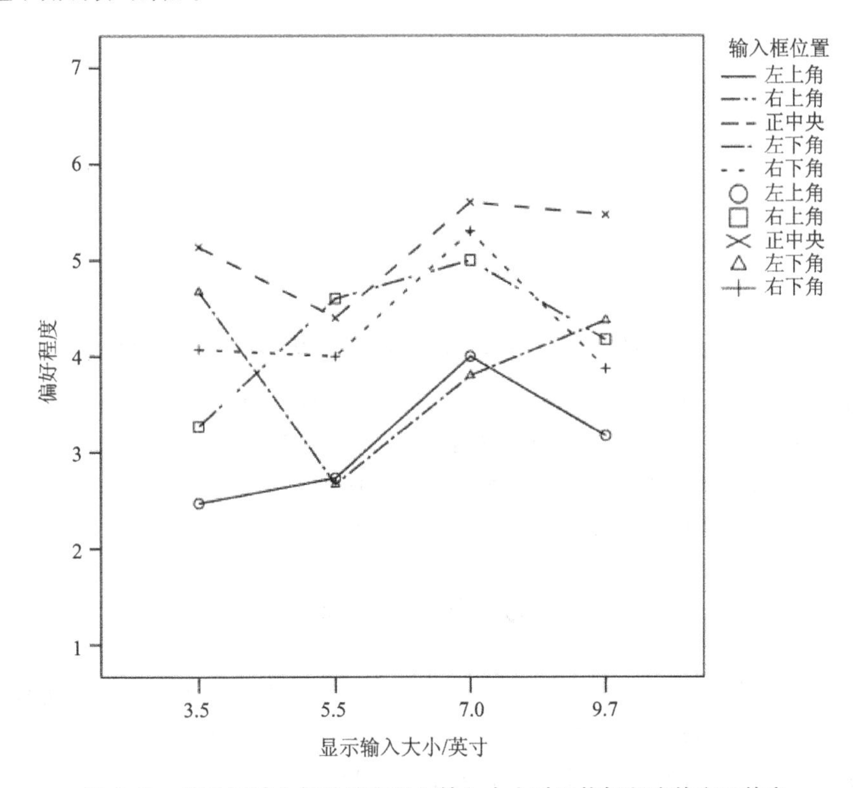

图 6.19　实验三输入框位置和显示输入大小对于偏好程度的交互效应

表 6.18 显示输入框位置和输入方式对于偏好程度的二阶交互效应在 0.1 的水平上也可以视作显著。正中央输入框上的食指输入的偏好程度得分最高，而左上角输入框的拇指输入偏好程度得分最低。输入框位置和输入方式对于偏好程度的交互效应如图 6.20 所示，从图中可以看出，各个输入框位置在不同输入方式下大多具有同样的结果，即拇指输入的偏好程度得分最低（右上角输入框是触控笔输入最低），而食指输入的偏好程度在任何输入框位置都是最高的。

此外，输入方式和显示输入大小对于偏好程度有显著的主效应，从输入方式来看，食指输入的偏好程度得分最高而拇指输入的偏好程度得分最低。从显示输入大小来看，7.0 英寸设

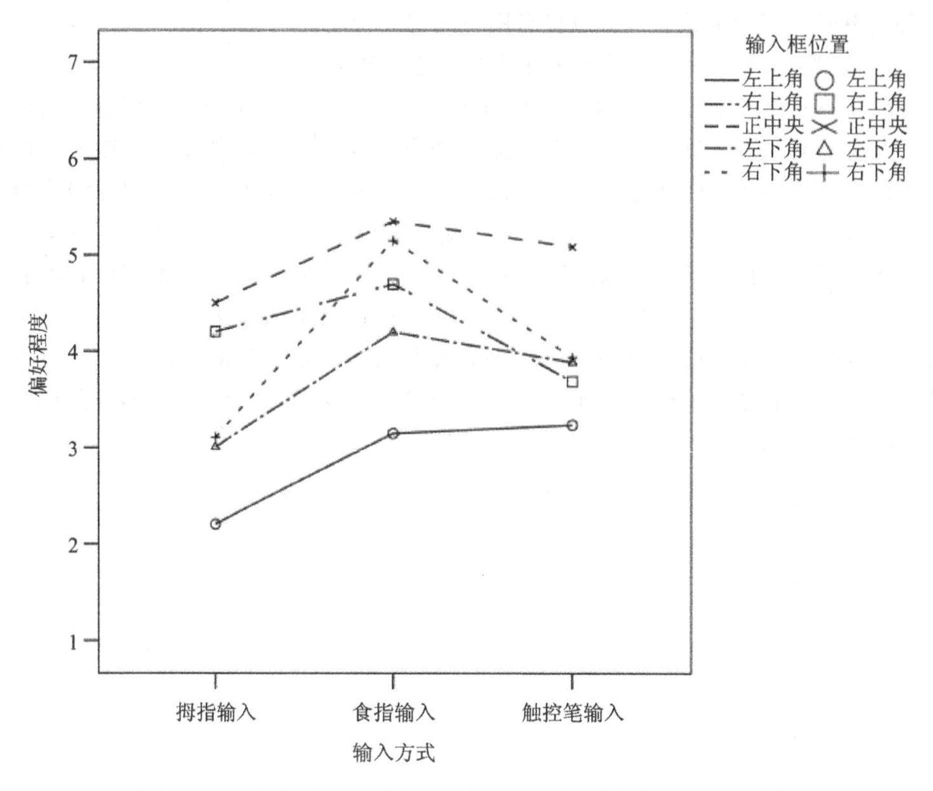

图 6.20　实验三输入框位置和输入方式对于偏好程度的交互效应

备的偏好程度得分最高而 5.5 英寸设备偏好程度得分最低。值得一提的是，实验三中为了减小触控笔属性对于实验结果的影响，在所有显示输入大小下均采用同样的触控笔，但是实际中，触控笔的设计很可能会随着显示尺寸的变化有所区别。

- 设计建议：考虑不同显示大小下的触控笔设计。

6.4　本章小结

实验三探索了输入框位置、输入方式和显示输入大小对于中文手写人机交互的影响，这种影响体现在手写绩效和被试主观评价两个方面，如图 6.21 所示。结果显示无论输入方式和显示输入大小如何，正中央的输入框都是最佳的输入框位置。这对于中文手写人机交互界面的

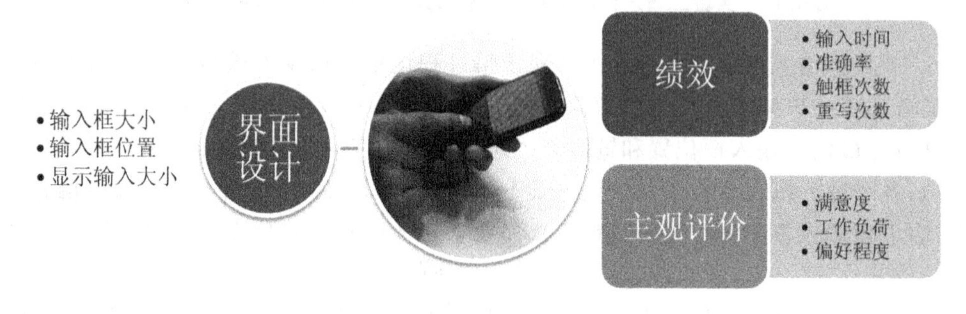

图 6.21　界面设计因素与中文手写人机交互

设计尤为关键，目前多数中文手写系统的手写输入位置都在显示界面的右下方或者正下方。基于实验三的结果，中文手写人机交互可用性设计建议的总结如表6.19所列。不同输入方式、不同显示输入大小下的输入框位置建议如表6.20所列。

表6.19　基于实验三的中文手写人机交互系统可用性设计建议

可用性设计建议	可改善的中文手写绩效指标
正中央的输入框设计有利于提高用户手写交互绩效和主观评价	输入时间、满意度、偏好程度
显示尺寸较大时，输入框位置对于输入时间的影响不大	输入时间
双手输入时(包括食指输入和触控笔输入)，采用正中央的输入框位置能够提高准确率	准确率
使用额外的触控笔，以降低输入框位置不佳时输入可能产生的高触框次数	触框次数
输入框位置应该随着显示尺寸变化而调整	重写次数
考虑单手操作拇指输入时，输入框应该位于屏幕中央或者右上角位置	满意度
将5.5英寸显示大小的触控设备上的中文手写的输入框置于屏幕右侧，如屏幕右上角或者右下角	满意度
避免让用户在屏幕左上角位置进行输入	满意度、偏好程度
输入框位置的设计，需要特别考虑5英寸显示大小的设备	工作负荷
考虑不同显示大小下的触控笔设计	偏好程度

表6.20　中文手写人机交互界面的输入框位置设计

<table>
<tr><th colspan="3">变　量</th><th>较　好</th><th>中　间</th><th>较　差</th></tr>
<tr><td rowspan="8">输入时间</td><td colspan="2">总　体</td><td>正中 左下</td><td>右上</td><td>左上 右下</td></tr>
<tr><td rowspan="3">输入方式</td><td>拇指</td><td>正中</td><td>右下</td><td>右上 左下 左上</td></tr>
<tr><td>食指</td><td>右上 正中 左下</td><td></td><td>左上 右下</td></tr>
<tr><td>触控笔</td><td>正中 左下</td><td>右上</td><td>左上 右下</td></tr>
<tr><td rowspan="4">显示输入大小/英寸</td><td>3.5</td><td>左下 正中</td><td>右下</td><td>左上 右上</td></tr>
<tr><td>5.5</td><td>正中 右上</td><td>右下 左上</td><td>左下</td></tr>
<tr><td>7.0</td><td>左下 正中</td><td></td><td>右下 左上 右上</td></tr>
<tr><td>9.7</td><td>无明显差异</td><td></td><td></td></tr>
<tr><td rowspan="8">准确率</td><td colspan="2">总　体</td><td>正中</td><td>左上 右上 右下</td><td>左下</td></tr>
<tr><td rowspan="3">输入方式</td><td>拇指</td><td>右下 右上</td><td>左上 正中</td><td>左下</td></tr>
<tr><td>食指</td><td>正中</td><td>右上</td><td>左上 左下 右下</td></tr>
<tr><td>触控笔</td><td>正中 左下</td><td>左上</td><td>右上 右下</td></tr>
<tr><td rowspan="4">显示输入大小/英寸</td><td>3.5</td><td>右下</td><td>左下 左上</td><td>正中 右上</td></tr>
<tr><td>5.5</td><td>右上</td><td></td><td>左上 正中 右下</td></tr>
<tr><td>7.0</td><td>正中</td><td>左下</td><td>右下 右上 左上</td></tr>
<tr><td>9.7</td><td>正中 右上 左上</td><td>右下</td><td>左下</td></tr>
</table>

续表 6.20

变量			较好	中间	较差
触框次数	总体		右下	正中 右上 左下	左上
	输入方式	拇指	右下	右上 左下	正中 左上
		食指	右下	左下 右上	正中 左上
		触控笔	右下 左上 右上		正中 左上
	显示输入大小/英寸	3.5	右下	右上 左下	左上 正中
		5.5	右下	左下 右上 正中	左上
		7.0	右下 右上 左下	正中	左上
		9.7	右上	左下 右下	左上 正中
重写次数	总体		左下 右下 正中	右上	左上
	输入方式	拇指	正中	右下 右上	左上 左下
		食指	左下 右下	正中 右上	左上
		触控笔	左下	右下 正中 右上	左上
	显示输入大小/英寸	3.5	右下	左下 正中	右上 左上
		5.5	右上 右下	左上 左下	正中
		7.0	正中 左下 右上		右下 左上
		9.7	左下 正中	右下 左上	右上
满意度	总体		正中	右上 左下 右下	左上
	输入方式	拇指	正中 右上		右下 左下 左上
		食指	正中 右下	左下 右上	左上
		触控笔	正中 左下	右下 右上	左上
	显示输入大小/英寸	3.5	正中 左下	右下	左上 右下
		5.5	右上	右下 正中	左上 左下
		7.0	正中	右上 左下	右下 左上
		9.7	正中	右上 左下 右下	左上
工作负荷	总体		方差分析结果不存在显著差异		
	显示输入大小/英寸	3.5	左下 正中 右下	右上	左上
		5.5	左上 右下 右上		左下 正中
		7.0	正中 左下	右下 左上	右上
		9.7	右上 右下	左上 正中	左下

续表 6.20

变量			较好	中间	较差
偏好程度	总体		正中	右上 左下 右下	左上
	输入方式	拇指	正中 右上	右下 左下	左上
		食指	正中	右上 左下 右下	左上
		触控笔	正中	右上 左下 右下	左上
	显示输入大小/英寸	3.5	正中	右上 左下 右下	左上
		5.5	右上 正中	右下	左上 左下
		7.0	正中	右上	左上 左下
		9.7	正中	右上 左下 右下	左上

第 7 章　结论与展望

7.1　研究结论

7.1.1　中文手写人机交互模型

本书通过 3 个实验建立了中文手写人机交互模型 FICIM(finger interaction for Chinese input model)，如图 7.1 所示。模型包括 3 个关键因素：手指(finger)——手指划分/输入方式、手指长度和手指宽度，中文(Chinese)——笔画方向、汉字结果、笔画数，人机交互界面设计(interaction)——输入框大小、输入框位置、显示大小，并建立了评价中文手写人机交互的指标：绩效指标——输入时间、准确率、触框次数和重写次数，以及主观评价指标——满意度、工作负荷、偏好程度。

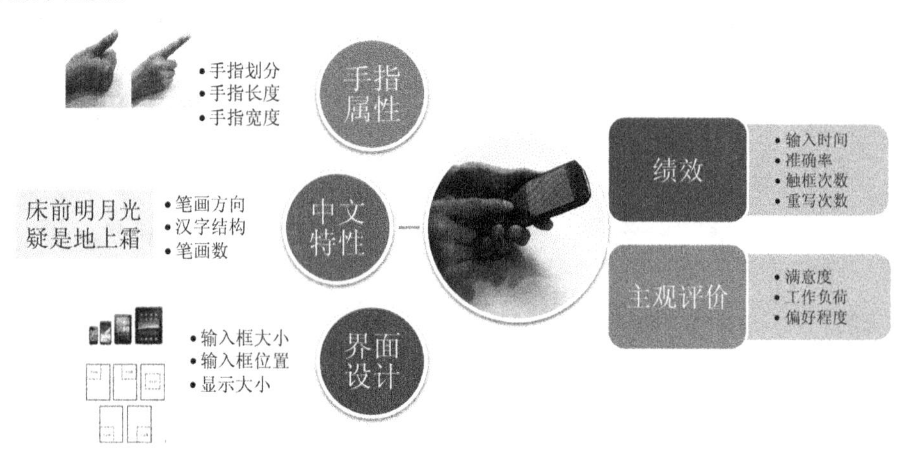

图 7.1　中文手写人机交互模型

对研究问题 1 的回答：手指属性(划分、长度和宽度)和中文特性(笔画方向、笔画数和汉字结构)影响中文手写的绩效(输入时间、准确率、触框次数)，但是手指属性对于中文手写的主观评价指标(满意度、工作负荷)的影响不大。其中，拇指的输入绩效低于食指输入绩效，中等尺寸手指的手写绩效相对较高；垂直方向的笔画对应的手写绩效更好，简单汉字和独体字的绩效更好。

对研究问题 2 的回答：输入框大小和位置对于中文手写人机交互有显著的影响，输入框越大，绩效水平越好。这里的绩效包括输入时间、准确率、触框次数、重写次数。本研究验证了 5 个输入框大小的影响，分别是显示大小的 5%、10%、15%、20%和 25%。其中，5%的绩效最差，25%的绩效最好。但是绩效的提高程度随着输入框大小水平的提高而减少。不同的输入方式和显示大小下，输入框大小的设计如表 5.23 所列。从输入框位置来说，正中央的输入位置的绩效水平和主观评价最高，左上角的绩效水平和主观评价最低。不同的输入方式和显示大小下，输入框位置的设计如表6.21所列。从输入方式来看，食指输入的绩效和主观评价最好，拇指最差。原因在于拇指的灵活性不如食指，而且拇指输入时采用单手姿势，导致其灵活度进一步下降，现有界面设计又较少考虑拇指输入，使得使用拇指输入的用户体验较差，所以需要在中文手写人机交互的系统设计中为拇指输入特别考量。触控笔输入作为一种可选的手写输入方式存在，在特定情形下（如需要精确输入时）能够提高手写绩效。就显示大小来说，显示大小越大，手写绩效和主观评价越好，9.7英寸的智能手持设备对应最好的手写绩效和主观评价，这也在一定程度上解释了为何业界智能手持设备特别是智能手机的显示尺寸一直在增加。

7.1.2　中文手写系统可用性设计建议

用户界面是用户体验不可或缺的一个组成部分，因此界面设计在中文手写人机交互中甚为重要。第2章整理了现有的文献和资料，在此基础上总结了15条中文手写人机交互系统的可用性设计建议。根据实验一的结果从手指属性和中文特性给出了4条可用性设计建议。根据实验二的结果从输入框大小给出了11条可用性设计建议。根据实验三的结果从输入框位置给出了10条可用性设计建议。因为给出这些可用性设计建议的角度存在差异，所以彼此之间会有重复之处，现将这些可用性设计建议总结整理如下：

① 输入方式：拇指输入的输入框尺寸应该比食指输入和触控笔输入的更大。较大的输入框能使拇指在输入时减少输入时间和提高准确率，并减少触框次数和重写次数，从而提高满意度和工作负荷。如果输入框要同时满足拇指输入和食指输入的需求，使用可以调整尺寸大小的输入框，在拇指输入时调整到拇指输入的尺寸，在食指输入时调整到食指输入的尺寸。为不同的输入方式设计不同大小的输入框，输入框的大小能够根据用户选取的输入方式智能调节。而就输入框位置来说，考虑单手操作拇指输入的输入框应该位于屏幕中央或者右上位置。

② 显示大小：在5.5英寸显示大小的设备上设计输入框大小时，应该特别注意考虑输入时间，建议5.5英寸上输入框大小以25%为佳，而其输入框位置应置于屏幕右侧，如屏幕右上角或者右下角。当显示尺寸增加时，输入框尺寸应该相应地增加，从而提高满意度和偏好程度。对于大尺寸的手持触控设备（9.7英寸左右），输入框尺寸随显示尺寸增加到一定程度时（15%）即可，不需要无限增大。当显示尺寸较大时，输入框位置对于输入时间的影响不大。对于不同显示大小的触控设备，应考虑设计不同的触控笔。

③ 输入框大小：为了达到较好的手写输入绩效，尽可能避免采用仅占显示面积5%的输入框。输入框尺寸的增加有利于改善手写交互绩效。从用户的倾向来说，只考虑手写输入的情形下，手写输入框是越大越好。当输入框大小不能确定时，可以考虑给用户配备一支触控笔以提高用户的满意度。从满意度的角度，输入框大小应至少达到显示尺寸面积的15%水平。大量文字输入时，应该采用大尺寸的输入框。

④ 输入框位置：正中央的输入框设计有利于提高用户手写交互绩效和主观评价。特别是双手输入时（包括食指输入和触控笔输入），采用正中央的输入框位置能够提高准确率。避免让用户在屏幕左上角位置进行输入，因为会影响用户的满意度和偏好程度。使用额外的触控笔可以降低输入框位置不佳时手指输入可能产生的高触框次数。

⑤ 手指尺寸：使用至少30 mm×30 mm的输入框以保证较好的输入时间、准确率，以及较少的触框次数。

⑥ 接触区域：在中文手写人机交互系统设计中应尽可能多的考虑手指触控区域的属性，如尺寸、形状、方向等，以获得更好的触控绩效和用户满意度。

⑦ 运动能力：为拇指和食指提供多种输入模式，以提高用户评价。

⑧ 纹理感知：让触控界面更为光滑以减少界面粗糙对用户满意度和生理疲劳的负面影响。

⑨ 输入姿势：为不同输入姿势设计可以调整位置的输入框，为不同输入姿势提供多种手写模式，以获得更好的手写绩效和用户满意度。

⑩ 汉字复杂度：在中文手写人机交互系统中考虑汉字复杂度的影响从而改善书写的绩效和工作负荷。避免用户书写过于复杂的汉字以改善输入时间、准确率、触框次数。

⑪ 笔画方向：帮助用户书写垂直方向和左下方向的笔画以改善输入时间、准确率、触框次数。

⑫ 汉字结构：使用正方形的输入框以获得更好的手写绩效。输入框中增加额外的背景信息以提高手写绩效。

⑬ 书写风格：让用户在中文手写过程中体验到书法书写的感受。使用自适应识别系统学习用户的书写偏好。

⑭ 汉语语义：在汉字识别系统中考虑中文语义的影响，从而提高识别的效率。考虑如何设计同时识别多个汉字的系统以提高手写绩效和用户体验。

对研究问题 3 的回答：针对中文手写人机交互，更为有效的评价指标包括基于客观测量的输入时间、准确率、触框次数、重写次数和基于主观评价的满意度、工作负荷和偏好程度。而对中文手写系统的可用性设计建议参考本节前面的讨论。

7.2 研究贡献

本书的研究贡献分为三个方面。

第一，整理了与智能手持设备中文手写人机交互相关的文献和资料。从手指属性、中文和界面设计因素三个方面总结归纳了影响中文手写人机交互绩效和主观评价的因素，并据此提出了中文手写人机交互的研究模型。这些影响因素和研究模型在中文手写人机交互的基础理论研究和产品界面设计中都至关重要，可以为其他语言的手写输入人机交互研究所借鉴。

第二，现有关于中文手写的研究多集中在“机”这一方面，更多是关注中文手写识别算法的探索，缺乏从“人”的角度特别是手指属性的研究。本书验证了手指属性——手指划分(输入方式)、手指长度、手指宽度，中文特性——笔画方向、笔画数、汉字结构和界面设计因素——输入框大小、输入框位置、显示大小对于中文手写绩效(输入时间、准确率、触框次数、重写次数)和主观评价(满意度、工作负荷、偏好程度)的显著影响，进而建立了中文手写交互模型，并清楚地展示了中文手写人机交互中各因素之间的关系，为未来的中文手写人机交互研究建立了很好的理论研究框架，可作为系统设计者和开发者的参考。

第三，目前的智能手写设备普遍具有中文手写输入的功能，应用广泛，但是对于手写交互界面的设计，业界多从经验和感觉出发，缺乏基础理论研究的支持和指引。本研究不仅发现了使用拇指、食指、触控笔在 3.5 英寸、5.5 英寸、7.0 英寸、9.7 英寸显示大小的智能手持设备上输入的最优输入框大小和位置，还从输入方式、手指尺寸、接触区域、运动能力、纹理感知、输入姿势、汉字复杂度、笔画方向、汉字结构、书写风格、汉语语义、输入框大小、输入框位置14个方面给出了改善中文手写系统可用性的设计建议。为未来智能手持设备上中文手写人机交互的界面设计提供了很好的理论依据。

7.3 未来工作展望

本书研究存在一定局限和不足之处，未来的研究可就此展开。主要包括：

第一，实验一中并没有考虑中文特性对于主观评价指标满意度等的影响，仅在实验二和实验三中考虑了重写次数。所以中文手写人机交互指标体系的建立还需要进一步完善。

第二，由于目前相关的研究较少，所以还可以进一步从其他角度对中文手写人机交互过程进行理解。例如研究手写输入时的心理过程，用户的认知、预期、目标等。

第三，触控笔的研究在中文手写人机交互中也是一个重要的领域。未来的研究可以就中文手写人机交互中触控笔的设计来展开，如尺寸、重量、形状等。

第四，本书为了避免用户个体差异对实验结果的影响，被试均为年龄18～30岁的年轻用户，且都为在校学生。对其他用户群体（例如高龄用户、低龄用户）的相关研究可以在未来的研究中进行。

第五，对于其他界面设计因素，如笔画粗细、背景颜色、背景纹理、全屏/半屏的研究，可以在本书的基础上进一步展开。

第六，全屏手写模式是一种很好的输入框位置设计方向，但这种无“框”模式和本书考虑的有“框”模式的设计考虑非常不同，值得进一步深入讨论。况且目前全屏手写输入存在一些可用性问题，比如难以分辨用户是在进行手写输入还是触控屏幕上的其他按钮（比如发送短信按钮）。本书的研究内容不涉及全屏手写的部分，然而本书关于用户偏好位置的结论对于全屏手写的界面设计有一定启示，例如全屏输入模式中可以在用户不常进行手写输入的位置放置其他功能按钮。

第七，为了更为广泛的应用，本书的输入框大小从显示面积的百分比来定义，未来的研究可以在特定显示大小的智能手持设备上对实际输入框大小作进一步考虑。

第八，实验三的结果不能说明输入框大小和显示大小各自的影响，这在以后的研究中值得进一步深入探讨。

附　录

附录 A　实验被试招募界面

中文手写交互实验 被试招募问卷

欢迎您参加我们的实验！本次实验由清华大学工业工程系人因与工效学研究所支持。被试的任何个人信息和实验结果将被严格保密，且仅用于科学研究，不作任何商业用途。

实验负责人：陈喆　15652625972　chenzhe.demi@gmail.com
指导老师：清华大学工业工程系 饶培伦教授
如果有问题，请联系实验负责人，非常感谢！

联系方式和实验时间

1. **手机号 ***

   提示：我们将尽可能用短信的方式和您联系

2. **姓名 ***

3. **请选择实验开始时间 [多选题]**

	08:00	09:00	10:00	11:00	12:00	13:00	14:00	15:00	16:00	17:00	18:00	19:00	20:00	21:00	
1月08日	☐	☐	☐	☐	☐	☐	☐	☐	☐	☐	☐	☐	☐	☐	1月08日
1月09日	☐	☐	☐	☐	☐	☐	☐	☐	☐	☐	☐	☐	☐	☐	1月09日
1月10日	☐	☐	☐	☐	☐	☐	☐	☐	☐	☐	☐	☐	☐	☐	1月10日
1月11日	☐	☐	☐	☐	☐	☐	☐	☐	☐	☐	☐	☐	☐	☐	1月11日
1月12日	☐	☐	☐	☐	☐	☐	☐	☐	☐	☐	☐	☐	☐	☐	1月12日
1月13日	☐	☐	☐	☐	☐	☐	☐	☐	☐	☐	☐	☐	☐	☐	1月13日
1月14日	☐	☐	☐	☐	☐	☐	☐	☐	☐	☐	☐	☐	☐	☐	1月14日
1月15日	☐	☐	☐	☐	☐	☐	☐	☐	☐	☐	☐	☐	☐	☐	1月15日
1月16日	☐	☐	☐	☐	☐	☐	☐	☐	☐	☐	☐	☐	☐	☐	1月16日

以下省略其他实验时间选项

附录B 实验一知情同意书

知情同意书

研究课题	中文手写交互研究
主要研究者	饶培伦教授、陈喆
院系	清华大学工业工程系
地址	舜德楼南 524C
研究概述	本研究旨在研究中文手写输入中手指与设备的交互情况。通过主观评估、视频录制和表面肌电信号测量被试的满意度、疲劳和绩效，进一步研究不同类型的汉字和不同的手指输入对交互过程的影响。
被试参与	您参与本实验完全基于自愿的原则，您可以在未开始实验时，随时退出，一旦接受实验，请尽量完成所有实验内容，否则将会影响实验结果，不能给予您报酬，在此恳请您的谅解。本实验用品与器材均无毒无害，不会对您的健康造成危害。
实验时间	本次实验大约需要 1 小时。
保密性	本研究所收集的数据和信息将归清华大学工业工程系人因与工效学研究所所有，在所有与本研究相关的出版物中您的个人信息将被隐匿。
实验中记录	整个过程将进行相关记录以便日后分析，但我们不会记录与您个人隐私相关的任何信息。

我已经阅读本知情同意书。我理解此次实验的目的，以及我参与实验将会发生什么。

在本同意书上签字，表示我自愿作为一名参试者参与本实验。

签名________________________　　　　日期___________________

附录C 被试信息问卷

被试信息问卷

一、 基本信息

姓名：________________

年龄：________________

籍贯：________________

职业：

教育程度（请画“√”）： 小学/初中/高中/本科/硕士研究生/博士研究生

小学就读学校：________________

初中就读学校：________________

高中就读学校：________________

本科就读学校：________________

本科专业：________________

硕士就读学校：________________

硕士专业：________________

博士就读学校：________________

博士专业：________________

您在实验前四个小时是否做过剧烈运动？ □ 是 □ 否

您是否对酒精过敏？ □ 是 □ 否

二、 中文水平和触控设备使用经验

您从几岁开始学写汉字？

您是否有长期不写汉字的经验（如移居海外等）？如果是，有多少年？ □ 是（请填写年数）________ □ 否

是否参加高考？高考语文成绩为多少？ □ 是（请填写成绩）________ □ 否

您的习惯用手： □ 右手 □ 左手

使用触控设备（如智能手机、平板电脑）时，

您习惯用拇指还是食指进行中文输入？ □ 拇指 □ 食指

您习惯用单手还是双手进行中文输入？ □ 单手 □ 双手

您是否参加过其他中文课程或者培训，如书法训练等（如果是，请填写课程/培训名称）： □ 是 ________________ □ 否

拇指尺寸 长度： 宽度：

食指尺寸 长度： 宽度：

您使用过哪些触控设备，使用年限为多少？

触控设备型号：________ 使用年限：________

触控设备型号：________ 使用年限：________

触控设备型号：________ 使用年限：________

触控设备型号：________ 使用年限：________

触控设备型号：________ 使用年限：________

附录 D 任务负荷 NASA - TLX 量表

任务负荷（NASA-TLX）问卷

一、 因素配对比较

下面是任务负荷的六个来源因素及其意义的说明。

脑力需求（Mental Demand）：需要耗费多大程度的脑力才能完成任务。
体力需求(Physical Demand)：需要多大程度的体力付出才能完成任务。
时间要求(Temporal Demand)：完成任务给您造成的时间上的压力。
绩效水平(Performance)：完成任务的准确程度。
努力程度(Effort)：为完成任务所付出的努力的程度。
受挫程度(Frustration Level)：完成任务的过程中感受到挫折的程度。

请根据您刚刚完成的任务的感受，在下面的每一对因素中选出您觉得更重要的任务负荷来源（在认为重要的因素上画上"√"）：

脑力要求/体力要求	体力要求/时间要求	时间要求/努力程度
脑力要求/时间要求	体力要求/绩效水平	时间要求/受挫程度
脑力要求/绩效水平	体力要求/努力程度	绩效水平/努力程度
脑力要求/努力程度	体力要求/受挫程度	绩效水平/受挫程度
脑力要求/受挫程度	时间要求/绩效水平	努力程度/受挫程度

二、 因素评估

请根据您完成任务的感受，在横线上打"X"评估每个因素的高低。
例如：脑力要求 低 |______X______________________________| 高
("x"越靠近左边表示脑力要求越低，越靠近右边表示脑力要求越高)

评估项目	程 度
脑力要求	低 |____| 高
体力要求	低 |____| 高
时间要求	低 |____| 高
绩效水平	低 |____| 高
努力程度	低 |____| 高
受挫程度	低 |____| 高

附录E　实验一满意度问卷

满意程度问卷

一、　以下问题与您刚刚完成的计算机任务有关，请根据您个人的经验，填写您对以下每个说法的同意程度。

评分标准如下：

强烈反对	反对	稍微反对	中立	稍微同意	同意	强烈同意
1	2	3	4	5	6	7

请在每一道题的空白处填写您认为适当的数字。例如：如果您强烈反对，请填写"1"；如果您强烈同意，请填写"7"。

______ 1. 当我正确完成了一项任务时，我的自信心提高了。
______ 2. 总的来说，我对执行这次任务感到很满意。
______ 3. 我觉得这次任务对我而言很有意义。
______ 4. 当任务执行得很好时，我会感到极大的自我满足。
______ 5. 总的来说，这次实验的过程有趣而不致令我感到枯燥乏味。
______ 6. 为了完成任务我所需做的事，似乎大部分都是琐碎无用的。
______ 7. 我的自我感觉，并不会因为我执行的任务的好坏与否而有所改变。
______ 8. 总的来说，我很喜欢这种任务类型。

二、　以下几道题有关您对此任务的满意程度。

评分标准如下：

非常不满意	不满意	稍微不满意	中立	稍微满意	满意	非常满意
1	2	3	4	5	6	7

请在每一道题的空白处填写您认为适当的数字。例如：如果您非常不满意，请填写"1"；如果您非常满意，请填写"7"。

______ 9. 完成这项任务，我所获得的成就感。
______ 10. 完成这项任务，对独立思考能力的锻炼。
______ 11. 参加这次实验所获得的收入和收获。
______ 12. 这次任务的挑战性。
______ 13. 在实验的过程中，我所获得的实验指导与帮助。
______ 14. 完成这项任务所需付出的脑力劳动的程度。

附录 F　实验一相关数据和计算结果

表 F.1　实验一手指划分各水平满意度的描述性统计完整结果

手指划分	手指长度	手指宽度	均　值	标准差	N
拇指输入	低	低	4.612	0.264	7
		中	4.814	0.800	5
		总计	4.696	0.530	12
	中	低	4.690	0.649	6
		中	4.333	0.270	3
		高	4.089	0.645	4
		总计	4.423	0.606	13
	高	中	4.271	0.993	5
		高	4.556	0.631	9
		总计	4.454	0.754	14
	总计	低	4.648	0.461	13
		中	4.495	0.790	13
		高	4.412	0.648	13
		总计	4.518	0.637	39
食指输入	低	低	4.816	0.324	7
		中	5.014	0.344	5
		总计	4.899	0.333	12
	中	低	4.405	0.811	6
		中	4.786	0.446	3
		高	4.161	0.536	4
		总计	4.418	0.660	13
	高	中	4.229	0.738	5
		高	4.540	0.333	9
		总计	4.429	0.510	14
	总计	低	4.626	0.610	13
		中	4.659	0.623	13
		高	4.423	0.423	13
		总计	4.570	0.555	39

表 F.2　实验一手指划分各水平工作负荷的描述性统计完整结果

手指划分	手指长度	手指宽度	均　值	标准差	N
拇指输入	低	低	66.857	14.515	7
		中	69.267	9.541	5
		总计	67.861	12.230	12
	中	低	62.444	5.018	6
		中	69.444	2.795	3
		高	59.667	27.429	4
		总计	63.205	14.632	13
	高	中	65.000	8.162	5
		高	58.926	10.055	9
		总计	61.095	9.583	14
	总计	低	64.821	11.004	13
		中	67.667	7.659	13
		高	59.154	15.988	13
		总计	63.880	12.261	39
食指输入	低	低	67.619	10.935	7
		中	56.533	12.015	5
		总计	63.000	12.260	12
	中	低	56.889	12.500	6
		中	71.111	1.347	3
		高	59.083	26.933	4
		总计	60.846	16.792	13
	高	中	64.467	6.323	5
		高	58.185	5.921	9
		总计	60.429	6.605	14
	总计	低	62.667	12.486	13
		中	62.949	9.824	13
		高	58.462	14.314	13
		总计	61.359	12.196	39

附录G 实验二知情同意书

知情同意书

研究课题	中文手写交互研究		
主要研究者	饶培伦教授、陈喆	院系	清华大学工业工程系
		地址	舜德楼南 524C

研究概述　本研究旨在研究中文手写输入中手指与设备的交互情况。通过主观评估被试的满意度、疲劳和绩效，进一步研究不同输入框大小的中文手写输入对交互过程的影响。

被试参与　您参与本实验完全基于自愿的原则，您可以在未开始实验时，随时退出，一旦接受实验，请尽量完成所有实验内容，否则将会影响实验结果，不能给予您报酬，在此恳请您的谅解。本实验用品与器材均无毒无害，不会对您的健康造成危害。

实验时间　本次实验大约需要 45 分钟。

保密性　本研究所收集的数据和信息将归清华大学工业工程系人因与工效学研究所所有，在所有与本研究相关的出版物中您的个人信息将被隐匿。

实验中记录　整个过程将进行相关记录以便日后分析，但我们不会记录与您个人隐私相关的任何信息。

我已经阅读本知情同意书。我理解此次实验的目的，以及我参与实验将会发生什么。

在本同意书上签字，表示我自愿作为一名参试者参与本实验。

签名________________________　　　　日期____________________

附录 H　实验二和实验三满意度问卷

满意程度问卷

以下问题与您刚刚完成的任务有关，请根据您个人的经验，填写您对以下每个说法的同意程度。

评分标准如下：

强烈反对	反对	稍微反对	中立	稍微同意	同意	强烈同意
1	2	3	4	5	6	7

请在每一道题的空白处填写您认为适当的数字。例如：如果您强烈反对，请填写“1”；如果您强烈同意，请填写“7”。

______ 1. 总的来说，我对这次输入过程很满意。

______ 2. 整个输入过程中，输入界面上没有让我觉得难以完成任务的地方。

______ 3. 当任务执行得很好时，我会有极大的自我满足。

______ 4. 这次实验的过程有趣而不致令我感到枯燥乏味。

______ 5. 任务的完成过程中，时间过得很快。

______ 6. 输入过程中，我的身体十分放松，舒适。

______ 7. 输入过程十分流畅，没有遇到困难。

______ 8. 整个输入过程十分缓慢。

______ 9. 完成任务让我感觉十分疲劳。

______ 10. 我对于自己书写的准确度十分有信心。

______ 11. 实际的准确率让我非常满意。

______ 12. 完成任务后，我的身体没有任何不适的感觉。

______ 13. 实际的输入时间让我非常满意。

______ 14. 总的来说，我觉得这个设备和输入界面十分容易使用。

______ 15. 我输入的准确度让我很沮丧。

附录Ⅰ 实验二和实验三的偏好程度问卷

实验二 偏好程度问卷

请根据您刚才完成任务的情况回答下述问题。

评分标准如下：

非常不满意	不满意	稍微不满意	中立	稍微满意	满意	非常满意
1	2	3	4	5	6	7

请在空白处填写您认为适当的数字。例如：如果您非常不满意，请填写"1"；如果您非常满意，请填写"7"。

针对刚才任务中的输入框的尺寸大小，您的评价是？__________

实验三 偏好程度问卷

请根据您刚才完成任务的情况回答下述问题。

评分标准如下：

非常不满意	不满意	稍微不满意	中立	稍微满意	满意	非常满意
1	2	3	4	5	6	7

请在空白处填写您认为适当的数字。例如：如果您非常不满意，请填写"1"；如果您非常满意，请填写"7"。

针对任务中的输入框的布局位置，您的评价是？__________

附录J 实验二相关数据和计算结果

表 J.1 实验二单字输入时间的描述性统计完整结果

ms

输入框大小/%	输入方式	显示大小/英寸	均 值	标准差	N
5	拇指输入	3.5	5 396.808	3 114.798	265
		5.5	6 073.637	3 893.381	267
		总计	5 736.494	3 540.028	532
	食指输入	3.5	4 270.814	2 384.138	269
		5.5	5 980.213	3 653.081	268
		7.0	4 644.730	2 480.541	263
		9.7	4 411.835	2 619.632	266
		总计	4 828.009	2 908.839	1 066
	触控笔输入	3.5	4 565.849	3 160.197	86
		5.5	5 272.506	2 834.675	89
		7.0	4 531.218	3 592.545	87
		9.7	4 438.078	2 782.665	90
		总计	4 703.293	3 109.795	352
	总计	3.5	4 793.010	2 872.618	620
		5.5	5 919.248	3 660.328	624
		7.0	4 616.514	2 793.206	350
		9.7	4 418.469	2 657.834	356
		总计	5 053.350	3 155.433	1 950
10	拇指输入	3.5	5 619.143	3 400.583	265
		5.5	6 094.832	3 730.804	267
		总计	5 857.882	3 574.709	532
	食指输入	3.5	4 331.855	2 207.155	269
		5.5	5 514.224	3 173.992	268
		7.0	4 692.304	2 393.277	263
		9.7	4 607.861	2 343.086	266
		总计	4 786.912	2 592.746	1 066
	触控笔输入	3.5	4 335.314	2 453.000	86
		5.5	5 965.303	3 138.752	89
		7.0	4 902.322	4 405.698	87
		9.7	4 827.767	2 534.413	90
		总计	5 013.494	3 265.866	352

续表 J.1

输入框大小/%	输入方式	显示大小/英寸	均 值	标准差	N
10	总计	3.5	4 882.547	2 876.295	620
		5.5	5 826.994	3 424.553	624
		7.0	4 744.509	3 015.165	350
		9.7	4 663.455	2 391.172	356
		总计	5 119.995	3 047.456	1 950
15	拇指输入	3.5	5 332.453	3 020.963	265
		5.5	5 820.861	3 163.484	267
		总计	5 577.575	3 100.050	532
	食指输入	3.5	4 305.450	2 280.495	269
		5.5	5 668.265	3 407.028	268
		7.0	5 490.126	2 939.694	263
		9.7	4 625.993	2 273.137	266
		总计	5 020.336	2 821.100	1 066
	触控笔输入	3.5	4 455.895	2 731.572	86
		5.5	5 759.438	3 220.128	89
		7.0	5 492.575	3 606.215	87
		9.7	4 731.544	2 606.272	90
		总计	5 112.188	3 098.401	352
	总计	3.5	4 765.279	2 722.396	620
		5.5	5 746.563	3 273.745	624
		7.0	5 490.734	3 113.224	350
		9.7	4 652.677	2 358.438	356
		总计	5 188.943	2 958.699	1 950
20	拇指输入	3.5	5 149.389	2 922.880	265
		5.5	5 909.124	3 339.260	267
		总计	5 530.684	3 158.778	532
	食指输入	3.5	4 211.364	2 127.249	269
		5.5	5 776.131	3 244.311	268
		7.0	5 425.502	2 907.174	263
		9.7	4 679.233	2 287.209	266
		总计	5 021.054	2 745.370	1 066
	触控笔输入	3.5	3 745.965	1 905.794	86
		5.5	5 425.045	2 814.191	89
		7.0	4 512.391	2 523.153	87
		9.7	4 752.122	2 421.032	90
		总计	4 617.190	2 504.000	352

续表 J.1

输入框大小/%	输入方式	显示大小/英寸	均　值	标准差	N
20	总计	3.5	4 547.739	2 528.843	620
		5.5	5 782.962	3 227.339	624
		7.0	5 198.529	2 840.731	350
		9.7	4 697.660	2 318.525	356
		总计	5 087.189	2 839.385	1950
25	拇指输入	3.5	5 267.645	2 902.216	265
		5.5	5 681.405	3 014.190	267
		总计	5 475.303	2 963.400	532
	食指输入	3.5	4 159.703	2 104.762	269
		5.5	5 554.078	3 132.737	268
		7.0	5 672.559	2 937.032	263
		9.7	4 696.714	2 514.294	266
		总计	5 017.507	2 767.724	1 066
	触控笔输入	3.5	4 107.163	2 194.788	86
		5.5	5 017.405	2 395.654	89
		7.0	4 528.724	2 626.878	87
		9.7	4 997.533	2 608.238	90
		总计	4 669.153	2 482.288	352
	总计	3.5	4 625.971	2 545.571	620
		5.5	5 532.014	2 990.556	624
		7.0	5 388.234	2 901.944	350
		9.7	4 772.764	2 538.042	356
		总计	5 079.521	2 786.282	1 950

表 J.2　实验二准确率(每字)的描述性统计完整结果

输入框大小/%	输入方式	显示大小/英寸	均　值	标准差	N
5	拇指输入	3.5	0.302	0.460	265
		5.5	0.302	0.460	268
		总计	0.302	0.460	533
	食指输入	3.5	0.461	0.499	269
		5.5	0.410	0.493	268
		7.0	0.445	0.498	263
		9.7	0.496	0.501	266
		总计	0.453	0.498	1 066

续表 J.2

输入框大小/%	输入方式	显示大小/英寸	均 值	标准差	N
5	触控笔输入	3.5	0.395	0.492	86
		5.5	0.405	0.494	89
		7.0	0.218	0.416	87
		9.7	0.567	0.498	90
		总计	0.398	0.490	352
	总计	3.5	0.384	0.487	620
		5.5	0.363	0.481	625
		7.0	0.389	0.488	350
		9.7	0.514	0.501	356
		总计	0.402	0.490	1 951
10	拇指输入	3.5	0.400	0.491	265
		5.5	0.392	0.489	268
		总计	0.396	0.490	533
	食指输入	3.5	0.561	0.497	269
		5.5	0.470	0.500	268
		7.0	0.616	0.487	263
		9.7	0.534	0.500	266
		总计	0.545	0.498	1 066
	触控笔输入	3.5	0.372	0.486	86
		5.5	0.472	0.502	89
		7.0	0.322	0.470	87
		9.7	0.633	0.485	90
		总计	0.452	0.498	352
	总计	3.5	0.466	0.499	620
		5.5	0.437	0.496	625
		7.0	0.543	0.499	350
		9.7	0.559	0.497	356
		总计	0.487	0.500	1 951
15	拇指输入	3.5	0.472	0.500	265
		5.5	0.444	0.498	268
		总计	0.458	0.499	533
	食指输入	3.5	0.561	0.497	269
		5.5	0.549	0.499	268
		7.0	0.506	0.501	263
		9.7	0.523	0.500	266
		总计	0.535	0.499	1 066

续表 J.2

输入框大小/%	输入方式	显示大小/英寸	均值	标准差	N
15	触控笔输入	3.5	0.419	0.496	86
		5.5	0.562	0.499	89
		7.0	0.356	0.482	87
		9.7	0.522	0.502	90
		总计	0.466	0.500	352
	总计	3.5	0.503	0.500	620
		5.5	0.506	0.500	625
		7.0	0.469	0.500	350
		9.7	0.523	0.500	356
		总计	0.501	0.500	1 951
20	拇指输入	3.5	0.506	0.501	265
		5.5	0.459	0.499	268
		总计	0.482	0.500	533
	食指输入	3.5	0.599	0.491	269
		5.5	0.541	0.499	268
		7.0	0.532	0.500	263
		9.7	0.534	0.500	266
		总计	0.552	0.498	1 066
	触控笔输入	3.5	0.442	0.500	86
		5.5	0.494	0.503	89
		7.0	0.391	0.491	87
		9.7	0.533	0.502	90
		总计	0.466	0.500	352
	总计	3.5	0.537	0.499	620
		5.5	0.499	0.500	625
		7.0	0.497	0.501	350
		9.7	0.534	0.500	356
		总计	0.517	0.500	1 951
25	拇指输入	3.5	0.434	0.497	265
		5.5	0.403	0.491	268
		总计	0.418	0.494	533
	食指输入	3.5	0.587	0.493	269
		5.5	0.601	0.491	268
		7.0	0.521	0.501	263
		9.7	0.579	0.495	266
		总计	0.572	0.495	1 066

续表 J.2

输入框大小/%	输入方式	显示大小/英寸	均　值	标准差	N
25	触控笔输入	3.5	0.384	0.489	86
		5.5	0.494	0.503	89
		7.0	0.414	0.495	87
		9.7	0.478	0.502	90
		总计	0.443	0.497	352
	总计	3.5	0.494	0.500	620
		5.5	0.501	0.500	625
		7.0	0.494	0.501	350
		9.7	0.553	0.498	356
		总计	0.507	0.500	1 951

表 J.3　实验二触框次数(每字)的描述性统计完整结果

输入框大小/%	输入方式	显示大小/英寸	均　值	标准差	N
5	拇指输入	3.5	3.842	4.392	265
		5.5	3.119	4.075	268
		总计	3.478	4.247	533
	食指输入	3.5	2.888	3.314	269
		5.5	2.634	3.276	268
		7.0	1.068	1.927	263
		9.7	0.699	1.600	266
		总计	1.829	2.813	1 066
	触控笔输入	3.5	2.733	3.230	86
		5.5	1.461	2.629	89
		7.0	1.391	2.071	87
		9.7	0.444	1.123	90
		总计	1.494	2.508	352
	总计	3.5	3.274	3.828	620
		5.5	2.675	3.601	625
		7.0	1.149	1.966	350
		9.7	0.635	1.496	356
		总计	2.219	3.315	1 951
10	拇指输入	3.5	2.894	3.544	265
		5.5	1.672	2.581	268
		总计	2.280	3.154	533

续表 J.3

输入框大小/%	输入方式	显示大小/英寸	均　值	标准差	N
10	食指输入	3.5	1.985	2.629	269
		5.5	1.146	2.066	268
		7.0	0.570	1.255	263
		9.7	0.289	0.896	266
		总计	1.002	1.954	1 066
	触控笔输入	3.5	1.779	2.784	86
		5.5	0.562	1.297	89
		7.0	0.598	1.253	87
		9.7	0.033	0.316	90
		总计	0.733	1.765	352
	总计	3.5	2.345	3.105	620
		5.5	1.288	2.250	625
		7.0	0.577	1.252	350
		9.7	0.225	0.798	356
		总计	1.302	2.394	1 951
15	拇指输入	3.5	1.804	2.751	265
		5.5	0.634	1.670	268
		总计	1.216	2.345	533
	食指输入	3.5	1.301	2.134	269
		5.5	0.765	1.561	268
		7.0	0.179	0.667	263
		9.7	0.188	0.723	266
		总计	0.612	1.488	1066
	触控笔输入	3.5	1.116	2.111	86
		5.5	0.371	0.897	89
		7.0	0.230	0.677	87
		9.7	0.100	0.562	90
		总计	0.449	1.276	352
	总计	3.5	1.490	2.427	620
		5.5	0.653	1.538	625
		7.0	0.191	0.669	350
		9.7	0.166	0.686	356
		总计	0.747	1.757	1 951

续表 J.3

输入框大小/%	输入方式	显示大小/英寸	均 值	标准差	N
20	拇指输入	3.5	0.838	1.754	265
		5.5	0.354	1.189	268
		总计	0.595	1.515	533
	食指输入	3.5	1.048	1.987	269
		5.5	0.493	1.176	268
		7.0	0.183	0.859	263
		9.7	0.102	0.529	266
		总计	0.459	1.315	1 066
	触控笔输入	3.5	0.453	1.289	86
		5.5	0.169	0.757	89
		7.0	0.149	0.620	87
		9.7	<0.001*	<0.001*	90
		总计	0.190	0.817	352
	总计	3.5	0.876	1.813	620
		5.5	0.387	1.135	625
		7.0	0.174	0.805	350
		9.7	0.076	0.460	356
		总计	0.447	1.307	1 951
25	拇指输入	3.5	0.158	0.742	265
		5.5	0.504	2.137	268
		总计	0.332	1.611	533
	食指输入	3.5	0.788	1.596	269
		5.5	0.366	0.945	268
		7.0	0.057	0.361	263
		9.7	0.060	0.412	266
		总计	0.320	1.014	1 066
	触控笔输入	3.5	0.372	1.052	86
		5.5	0.258	0.886	89
		7.0	0.103	0.483	87
		9.7	0.033	0.316	90
		总计	0.190	0.752	352
	总计	3.5	0.461	1.256	620
		5.5	0.410	1.566	625
		7.0	0.069	0.395	350
		9.7	0.053	0.390	356
		总计	0.300	1.172	1 951

表 J.4　实验二重写次数(每字)的描述性统计完整结果

输入框大小/%	输入方式	显示大小/英寸	均　值	标准差	N
5	拇指输入	3.5	0.366	0.968	265
		5.5	0.519	1.285	268
		总计	0.443	1.140	533
	食指输入	3.5	0.595	1.244	269
		5.5	0.687	1.635	268
		7.0	0.209	0.641	263
		9.7	0.120	0.389	266
		总计	0.404	1.121	1 066
	触控笔输入	3.5	0.512	1.114	86
		5.5	0.843	1.796	89
		7.0	0.276	0.677	87
		9.7	0.278	0.779	90
		总计	0.477	1.196	352
	总计	3.5	0.485	1.119	620
		5.5	0.637	1.523	625
		7.0	0.226	0.649	350
		9.7	0.160	0.520	356
		总计	0.428	1.140	1 951
10	拇指输入	3.5	0.230	0.756	265
		5.5	0.190	0.559	268
		总计	0.210	0.664	533
	食指输入	3.5	0.260	0.598	269
		5.5	0.123	0.470	268
		7.0	0.087	0.376	263
		9.7	0.056	0.276	266
		总计	0.132	0.453	1 066
	触控笔输入	3.5	0.337	0.776	86
		5.5	0.146	0.355	89
		7.0	0.161	0.568	87
		9.7	0.100	0.337	90
		总计	0.185	0.542	352
	总计	3.5	0.258	0.695	620
		5.5	0.155	0.497	625
		7.0	0.106	0.432	350
		9.7	0.067	0.293	356
		总计	0.163	0.535	1951

续表 J.4

输入框大小/%	输入方式	显示大小/英寸	均 值	标准差	N
15	拇指输入	3.5	0.143	0.420	265
		5.5	0.187	0.683	268
		总计	0.165	0.568	533
	食指输入	3.5	0.149	0.441	269
		5.5	0.138	0.449	268
		7.0	0.046	0.243	263
		9.7	0.102	0.349	266
		总计	0.109	0.382	1 066
	触控笔输入	3.5	0.198	0.527	86
		5.5	0.191	0.520	89
		7.0	0.218	0.769	87
		9.7	0.111	0.381	90
		总计	0.179	0.564	352
	总计	3.5	0.153	0.445	620
		5.5	0.166	0.570	625
		7.0	0.089	0.442	350
		9.7	0.104	0.357	356
		总计	0.137	0.475	1 951
20	拇指输入	3.5	0.075	0.305	265
		5.5	0.179	0.559	268
		总计	0.128	0.453	533
	食指输入	3.5	0.197	0.541	269
		5.5	0.097	0.332	268
		7.0	0.027	0.161	263
		9.7	0.117	0.365	266
		总计	0.110	0.381	1 066
	触控笔输入	3.5	0.012	0.108	86
		5.5	0.258	0.649	89
		7.0	0.103	0.405	87
		9.7	0.167	0.525	90
		总计	0.136	0.476	352
	总计	3.5	0.119	0.416	620
		5.5	0.155	0.494	625
		7.0	0.046	0.247	350
		9.7	0.129	0.411	356
		总计	0.119	0.420	1 951

续表 J.4

输入框大小/%	输入方式	显示大小/英寸	均　值	标准差	N
25	拇指输入	3.5	0.117	0.433	265
		5.5	0.153	0.485	268
		总计	0.135	0.459	533
	食指输入	3.5	0.119	0.368	269
		5.5	0.112	0.371	268
		7.0	0.030	0.229	263
		9.7	0.075	0.304	266
		总计	0.084	0.325	1 066
	触控笔输入	3.5	0.081	0.382	86
		5.5	0.124	0.364	89
		7.0	0.115	0.387	87
		9.7	0.178	0.610	90
		总计	0.125	0.448	352
	总计	3.5	0.113	0.398	620
		5.5	0.131	0.422	625
		7.0	0.051	0.279	350
		9.7	0.101	0.406	356
		总计	0.106	0.390	1 951

表 J.5　实验二满意度的描述性统计完整结果

输入框大小/%	输入方式	显示大小/英寸	均　值	标准差	N
5	拇指输入	3.5	1.533	0.784	15
		5.5	1.316	0.699	15
		总计	1.424	0.738	30
	食指输入	3.5	1.378	0.541	15
		5.5	1.790	0.787	15
		7.0	2.613	1.166	15
		9.7	3.164	0.930	15
		总计	2.237	1.112	60
	触控笔输入	3.5	1.373	0.376	5
		5.5	1.347	0.645	5
		7.0	1.787	0.687	5
		9.7	3.493	0.727	5
		总计	2.000	1.069	20

续表 J.5

输入框大小/%	输入方式	显示大小/英寸	均 值	标准差	N
5	总计	3.5	1.444	0.630	35
		5.5	1.524	0.748	35
		7.0	2.407	1.112	20
		9.7	3.247	0.877	20
		总计	1.972	1.065	110
10	拇指输入	3.5	2.120	0.860	15
		5.5	2.071	0.898	15
		总计	2.096	0.865	30
	食指输入	3.5	2.209	1.010	15
		5.5	2.813	0.697	15
		7.0	3.387	0.935	15
		9.7	3.738	0.744	15
		总计	3.037	1.020	60
	触控笔输入	3.5	2.200	0.823	5
		5.5	2.813	1.367	5
		7.0	2.573	0.470	5
		9.7	4.013	0.479	5
		总计	2.900	1.057	20
	总计	3.5	2.170	0.898	35
		5.5	2.495	0.944	35
		7.0	3.183	0.907	20
		9.7	3.807	0.686	20
		总计	2.755	1.060	110
15	拇指输入	3.5	2.529	1.268	15
		5.5	2.484	0.948	15
		总计	2.507	1.100	30
	食指输入	3.5	3.022	0.731	15
		5.5	3.146	0.558	15
		7.0	3.351	0.882	15
		9.7	3.831	0.627	15
		总计	3.338	0.758	60
	触控笔输入	3.5	2.893	1.089	5
		5.5	3.267	0.488	5
		7.0	3.027	0.746	5
		9.7	4.120	0.218	5
		总计	3.327	0.816	20

续表 J.5

输入框大小/%	输入方式	显示大小/英寸	均　值	标准差	*N*
15	总计	3.5	2.792	1.038	35
		5.5	2.880	0.805	35
		7.0	3.270	0.843	20
		9.7	3.903	0.563	20
		总计	3.109	0.942	110
20	拇指输入	3.5	2.720	1.156	15
		5.5	2.702	0.705	15
		总计	2.711	0.941	30
	食指输入	3.5	3.227	0.946	15
		5.5	2.830	0.796	15
		7.0	3.693	0.850	15
		9.7	3.609	0.689	15
		总计	3.340	0.875	60
	触控笔输入	3.5	3.400	0.814	5
		5.5	3.547	0.635	5
		7.0	3.307	0.813	5
		9.7	4.000	0.403	5
		总计	3.563	0.687	20
	总计	3.5	3.034	1.038	35
		5.5	2.878	0.770	35
		7.0	3.597	0.837	20
		9.7	3.707	0.644	20
		总计	3.209	0.913	110
25	拇指输入	3.5	2.684	1.185	15
		5.5	2.462	1.085	15
		总计	2.573	1.122	30
	食指输入	3.5	3.538	0.693	15
		5.5	3.141	0.682	15
		7.0	3.427	0.979	15
		9.7	3.684	0.839	15
		总计	3.448	0.812	60
	触控笔输入	3.5	3.200	1.072	5
		5.5	3.627	1.051	5
		7.0	3.360	0.584	5
		9.7	4.013	0.415	5
		总计	3.550	0.826	20

续表 J.5

输入框大小/%	输入方式	显示大小/英寸	均 值	标准差	N
25	总计	3.5	3.124	1.036	35
		5.5	2.920	0.997	35
		7.0	3.410	0.883	20
		9.7	3.767	0.759	20
		总计	3.228	0.987	110

表 J.6 实验二工作负荷的描述性统计完整结果

输入框大小/%	输入方式	显示大小/英寸	均 值	标准差	N
5	拇指输入	3.5	57.000	18.757	15
		5.5	59.782	21.171	15
		总计	58.391	19.703	30
	食指输入	3.5	55.369	11.868	15
		5.5	57.745	12.723	15
		7.0	50.418	15.620	15
		9.7	48.093	21.505	15
		总计	52.906	15.951	60
	触控笔输入	3.5	55.760	12.336	5
		5.5	62.027	23.387	5
		7.0	52.547	27.246	5
		9.7	46.787	14.429	5
		总计	54.280	19.474	20
	总计	3.5	56.124	14.879	35
		5.5	59.230	17.827	35
		7.0	50.950	18.356	20
		9.7	47.767	19.620	20
		总计	54.652	17.682	110
10	拇指输入	3.5	49.551	17.782	15
		5.5	56.120	17.442	15
		总计	52.836	17.626	30
	食指输入	3.5	53.196	11.276	15
		5.5	58.109	10.333	15
		7.0	46.911	18.347	15
		9.7	44.187	19.164	15
		总计	50.601	15.890	60

续表 J.6

输入框大小/%	输入方式	显示大小/英寸	均　值	标准差	N
10	触控笔输入	3.5	55.173	14.130	5
		5.5	49.707	23.513	5
		7.0	54.027	17.545	5
		9.7	46.067	9.411	5
		总计	51.243	15.989	20
	总计	3.5	51.916	14.519	35
		5.5	56.056	15.558	35
		7.0	48.690	17.967	20
		9.7	44.657	17.028	20
		总计	51.327	16.273	110
15	拇指输入	3.5	50.049	17.457	15
		5.5	49.547	15.331	15
		总计	49.798	16.145	30
	食指输入	3.5	52.529	12.558	15
		5.5	53.096	11.303	15
		7.0	47.107	19.034	15
		9.7	44.356	18.286	15
		总计	49.272	15.710	60
	触控笔输入	3.5	48.667	18.359	5
		5.5	46.093	12.016	5
		7.0	50.347	20.009	5
		9.7	40.507	21.687	5
		总计	46.403	17.299	20
	总计	3.5	50.914	15.241	35
		5.5	50.575	13.138	35
		7.0	47.917	18.797	20
		9.7	43.393	18.663	20
		总计	48.894	16.017	110
20	拇指输入	3.5	48.924	15.301	15
		5.5	47.991	13.600	15
		总计	48.458	14.232	30
	食指输入	3.5	42.440	14.431	15
		5.5	52.914	13.195	15
		7.0	47.911	11.659	15
		9.7	50.102	17.604	15
		总计	48.342	14.544	60

续表 J.6

输入框大小/%	输入方式	显示大小/英寸	均 值	标准差	N
20	触控笔输入	3.5	46.333	19.637	5
		5.5	42.733	16.144	5
		7.0	44.600	16.115	5
		9.7	46.080	17.609	5
		总计	44.937	16.068	20
	总计	3.5	45.775	15.390	35
		5.5	49.350	13.834	35
		7.0	47.083	12.530	20
		9.7	49.097	17.228	20
		总计	47.754	14.669	110
25	拇指输入	3.5	49.493	15.645	15
		5.5	46.427	14.447	15
		总计	47.960	14.878	30
	食指输入	3.5	43.973	17.278	15
		5.5	52.141	12.878	15
		7.0	44.267	15.924	15
		9.7	46.356	20.722	15
		总计	46.684	16.828	60
	触控笔输入	3.5	39.013	16.144	5
		5.5	43.640	9.164	5
		7.0	45.227	24.439	5
		9.7	48.840	18.172	5
		总计	44.180	16.761	20
	总计	3.5	45.631	16.389	35
		5.5	48.477	13.241	35
		7.0	44.507	17.685	20
		9.7	46.977	19.676	20
		总计	46.577	16.209	110

表 J.7 实验二偏好程度的描述性统计完整结果

输入框大小/%	输入方式	显示大小/英寸	均 值	标准差	N
5	拇指输入	3.5	1.874	1.140	15
		5.5	1.667	1.047	15
		总计	1.770	1.080	30

续表 J.7

输入框大小/%	输入方式	显示大小/英寸	均 值	标准差	N
5	食指输入	3.5	1.400	0.507	15
		5.5	1.407	0.851	15
		7.0	2.933	1.223	15
		9.7	3.467	1.125	15
		总计	2.302	1.321	60
	触控笔输入	3.5	1.600	0.894	5
		5.5	1.800	0.447	5
		7.0	2.621	1.369	5
		9.7	4.600	1.140	5
		总计	2.655	1.536	20
	总计	3.5	1.632	0.886	35
		5.5	1.574	0.893	35
		7.0	2.855	1.231	20
		9.7	3.750	1.209	20
		总计	2.221	1.327	110
10	拇指输入	3.5	2.807	1.215	15
		5.5	3.600	1.549	15
		总计	3.204	1.426	30
	食指输入	3.5	2.733	1.223	15
		5.5	3.540	1.129	15
		7.0	4.933	1.163	15
		9.7	5.333	0.976	15
		总计	4.135	1.523	60
	触控笔输入	3.5	2.800	0.837	5
		5.5	4.000	2.236	5
		7.0	4.621	1.127	5
		9.7	4.600	1.817	5
		总计	4.005	1.655	20
	总计	3.5	2.774	1.143	35
		5.5	3.632	1.458	35
		7.0	4.855	1.133	20
		9.7	5.150	1.226	20
		总计	3.857	1.562	110

续表 J.7

输入框大小/%	输入方式	显示大小/英寸	均　值	标准差	N
15	拇指输入	3.5	3.540	1.600	15
		5.5	4.000	1.558	15
		总计	3.770	1.569	30
	食指输入	3.5	3.933	1.438	15
		5.5	4.540	1.122	15
		7.0	5.200	0.862	15
		9.7	5.333	1.397	15
		总计	4.752	1.322	60
	触控笔输入	3.5	5.000	1.732	5
		5.5	4.200	1.643	5
		7.0	5.021	0.671	5
		9.7	5.600	0.548	5
		总计	4.955	1.272	20
	总计	3.5	3.917	1.579	35
		5.5	4.260	1.379	35
		7.0	5.155	0.805	20
		9.7	5.400	1.231	20
		总计	4.521	1.450	110
20	拇指输入	3.5	4.340	1.495	15
		5.5	4.467	1.302	15
		总计	4.404	1.379	30
	食指输入	3.5	4.800	1.474	15
		5.5	3.874	1.847	15
		7.0	5.667	0.617	15
		9.7	5.733	0.961	15
		总计	5.018	1.489	60
	触控笔输入	3.5	4.600	2.074	5
		5.5	5.200	1.304	5
		7.0	5.221	0.800	5
		9.7	6.000	0.707	5
		总计	5.255	1.328	20
	总计	3.5	4.574	1.538	35
		5.5	4.317	1.586	35
		7.0	5.555	0.674	20
		9.7	5.800	0.894	20
		总计	4.894	1.453	110

续表 J.7

输入框大小/%	输入方式	显示大小/英寸	均值	标准差	N
25	拇指输入	3.5	4.540	1.640	15
		5.5	4.267	1.486	15
		总计	4.404	1.544	30
	食指输入	3.5	5.533	0.915	15
		5.5	4.674	1.586	15
		7.0	5.867	0.516	15
		9.7	5.667	1.234	15
		总计	5.435	1.196	60
	触控笔输入	3.5	4.800	1.304	5
		5.5	5.600	0.548	5
		7.0	5.821	1.053	5
		9.7	5.000	1.414	5
		总计	5.305	1.123	20
	总计	3.5	5.003	1.370	35
		5.5	4.632	1.476	35
		7.0	5.855	0.656	20
		9.7	5.500	1.277	20
		总计	5.130	1.353	110

表 J.8　实际输入框大小各水平的描述性统计结果

因变量	输入框边长/mm	N	均值	标准差
输入时间/ms	13.8	628	4 791.540	2 888.617
	19.5	628	4 852.548	2 840.217
	20.8	360	4 411.311	2 658.592
	23.9	627	4 768.587	2 724.192
	26.3	356	4 612.632	2 795.115
	27.6	629	4 584.752	2 573.098
	29.5	357	4 589.630	2 348.752
	30.8	630	4 645.776	2 562.880
	36.1	359	4 613.000	2 364.873
	37.2	356	4 787.357	3 063.106
	37.8	631	5 942.295	3 658.414
	41.7	359	4 635.320	2 278.225
	45.6	354	5 506.404	3 144.128
	46.6	358	4 713.344	2 485.213
	52.6	359	5 216.412	2 857.737

续表 J.8

因变量	输入框边长/mm	N	均　值	标准差
输入时间/ms	53.5	634	5 875.552	3 424.268
	58.9	360	5 392.922	2 908.229
	65.5	628	5 755.080	3 249.911
	75.7	628	5 806.113	3 230.879
	84.6	629	5 570.229	3 016.506
	总数	9 870	5 110.408	2 965.474
准确率/%	13.8	628	0.381	0.486
	19.5	628	0.463	0.499
	20.8	360	0.519	0.500
	23.9	627	0.504	0.500
	26.3	356	0.385	0.487
	27.6	629	0.536	0.499
	29.5	357	0.569	0.496
	30.8	630	0.497	0.500
	36.1	359	0.524	0.500
	37.2	356	0.542	0.499
	37.8	631	0.363	0.481
	41.7	359	0.538	0.499
	45.6	354	0.461	0.499
	46.6	358	0.556	0.498
	52.6	359	0.493	0.501
	53.5	634	0.439	0.497
	58.9	360	0.492	0.501
	65.5	628	0.506	0.500
	75.7	629	0.506	0.500
	84.6	629	0.507	0.500
	总数	9 871	0.484	0.500
重写次数	13.8	628	0.482	1.113
	19.5	628	0.258	0.692
	20.8	360	0.158	0.517
	23.9	627	0.152	0.446
	26.3	356	0.225	0.646
	27.6	629	0.121	0.416
	29.5	357	0.056	0.264
	30.8	630	0.117	0.409

续表 J.8

因变量	输入框边长/mm	N	均 值	标准差
重写次数	36.1	359	0.097	0.341
	37.2	356	0.110	0.440
	37.8	631	0.642	1.522
	41.7	359	0.125	0.407
	45.6	354	0.096	0.448
	46.6	358	0.098	0.395
	52.6	359	0.053	0.270
	53.5	634	0.159	0.501
	58.9	360	0.053	0.279
	65.5	628	0.166	0.569
	75.7	629	0.159	0.499
	84.6	629	0.134	0.424
	总数	9 871	0.191	0.664
触框次数	13.8	628	3.293	3.861
	19.5	628	2.325	3.094
	20.8	360	0.633	1.491
	23.9	627	1.502	2.435
	26.3	356	1.177	1.974
	27.6	629	0.884	1.822
	29.5	357	0.224	0.797
	30.8	630	0.454	1.247
	36.1	359	0.153	0.653
	37.2	356	0.596	1.269
	37.8	631	2.683	3.602
	41.7	359	0.084	0.483
	45.6	354	0.220	0.819
	46.6	358	0.053	0.389
	52.6	359	0.178	0.810
	53.5	634	1.282	2.239
	58.9	360	0.067	0.389
	65.5	628	0.650	1.535
	75.7	629	0.393	1.139
	84.6	629	0.407	1.562
	总数	9 871	1.007	2.255

续表 J.8

因变量	输入框边长/mm	N	均 值	标准差
满意度	13.8	35	1.444	0.630
	19.5	35	2.170	0.898
	20.8	20	3.247	0.877
	23.9	35	2.792	1.038
	26.3	20	2.407	1.112
	27.6	35	3.034	1.038
	29.5	20	3.807	0.686
	30.8	35	3.124	1.036
	36.1	20	3.903	0.563
	37.2	20	3.183	0.907
	37.8	35	1.524	0.748
	41.7	20	3.707	0.644
	45.6	20	3.270	0.843
	46.6	20	3.767	0.759
	52.6	20	3.597	0.837
	53.5	35	2.495	0.944
	58.9	20	3.410	0.883
	65.5	35	2.880	0.805
	75.7	35	2.878	0.770
	84.6	35	2.920	0.997
	总数	550	2.855	1.099
工作负荷	13.8	35	56.124	14.879
	19.5	35	51.916	14.519
	20.8	20	47.767	19.620
	23.9	35	50.914	15.241
	26.3	20	50.950	18.356
	27.6	35	45.775	15.390
	29.5	20	44.657	17.028
	30.8	35	45.631	16.389
	36.1	20	43.393	18.663
	37.2	20	48.690	17.967
	37.8	35	59.230	17.827
	41.7	20	49.097	17.228
	45.6	20	47.917	18.797
	46.6	20	46.977	19.676

续表 J.8

因变量	输入框边长/mm	N	均　值	标准差
工作负荷	52.6	20	47.083	12.530
	53.5	35	56.056	15.558
	58.9	20	44.507	17.685
	65.5	35	50.575	13.138
	75.7	35	49.350	13.834
	84.6	35	48.477	13.241
	总数	550	49.841	16.393
偏好程度	13.8	35	1.632	0.886
	19.5	35	2.774	1.143
	20.8	20	3.750	1.209
	23.9	35	3.917	1.579
	26.3	20	2.855	1.231
	27.6	35	4.574	1.538
	29.5	20	5.150	1.226
	30.8	35	5.003	1.370
	36.1	20	5.400	1.231
	37.2	20	4.855	1.133
	37.8	35	1.574	0.893
	41.7	20	5.800	0.894
	45.6	20	5.155	0.805
	46.6	20	5.500	1.277
	52.6	20	5.555	0.674
	53.5	35	3.632	1.458
	58.9	20	5.855	0.656
	65.5	35	4.260	1.379
	75.7	35	4.317	1.586
	84.6	35	4.632	1.476
	总数	550	4.125	1.768

附录K 实验三知情同意书

知情同意书

研究课题	中文手写交互研究		
主要研究者	饶培伦教授、陈喆	院系	清华大学工业工程系
		地址	舜德楼南524C

研究概述　本研究旨在研究中文手写输入中手指与设备的交互情况。通过主观评估满意度、疲劳和绩效，进一步研究不同位置的输入框在中文手写输入对交互过程的影响。

被试参与　您参与本实验完全基于自愿的原则，您可以在未开始实验时，随时退出，一旦接受实验，请尽量完成所有实验内容，否则将会影响实验结果，不能给予您报酬，在此恳请您的谅解。本实验用品与器材均无毒无害，不会对您的健康造成危害。

实验时间　本次实验大约需要45分钟。

保密性　本研究所收集的数据和信息将归清华大学工业工程系人因与工效学研究所所有，在所有与本研究相关的出版物中您的个人信息将被隐匿。

实验中记录　整个过程将进行相关记录以便日后分析，但我们不会记录与您个人隐私相关的任何信息。

我已经阅读本知情同意书。我理解此次实验的目的，以及我参与实验将会发生什么。

在本同意书上签字，表示我自愿作为一名参试者参与本实验。

签名________________________　　　日期____________________

附录L　实验三相关数据和计算结果

表 L.1　实验三单字输入时间的描述性统计完整结果

ms

输入框位置	输入方式	显示大小/英寸	均　值	标准差	N
左上角	拇指输入	3.5	5 882.719	3 177.750	89
		5.5	6 144.000	2 979.555	88
		总计	6 012.622	3 074.840	177
	食指输入	3.5	4 019.472	2 128.396	89
		5.5	5 355.209	2 700.364	86
		7.0	5 966.489	3 521.117	90
		9.7	4 191.125	2 085.319	88
		总计	4 884.091	2 786.715	353
	触控笔输入	3.5	4 601.830	2 684.230	88
		5.5	5 386.733	2 678.387	90
		7.0	6 883.843	4 240.290	89
		9.7	4 195.167	1 988.228	90
		总计	5 266.090	3 169.223	357
	总计	3.5	4 835.549	2 798.783	266
		5.5	5 628.886	2 802.575	264
		7.0	6 422.603	3 911.484	179
		9.7	4 193.169	2 031.040	178
		总计	5 263.035	3 027.969	887
右上角	拇指输入	3.5	5 894.899	2 965.567	89
		5.5	6 051.534	2 957.146	88
		总计	5 972.774	2 954.003	177
	食指输入	3.5	4 001.798	2 165.858	89
		5.5	4 967.849	2 394.515	86
		7.0	6 024.122	3 328.670	90
		9.7	3 914.386	1 936.434	88
		总计	4 730.969	2 651.034	353
	触控笔输入	3.5	4 541.364	2 747.855	88
		5.5	5 324.000	2 704.893	90
		7.0	6 592.933	4 119.415	89
		9.7	4 231.300	2 016.548	90
		总计	5 171.955	3 117.425	357

续表 L.1

输入框大小	输入方式	显示大小/英寸	均　值	标准差	N
右上角	总计	3.5	4 813.707	2 756.038	266
		5.5	5 450.492	2 724.751	264
		7.0	6 306.939	3 743.102	179
		9.7	4 074.624	1 978.150	178
		总计	5 156.258	2 938.673	887
正中央	拇指输入	3.5	5 435.888	3 083.818	89
		5.5	5 919.386	2 868.454	88
		总计	5 676.271	2 980.101	177
	食指输入	3.5	4 079.607	2 195.833	89
		5.5	5 388.651	2 676.806	86
		7.0	5 480.333	2 907.383	90
		9.7	4 017.602	1 902.732	88
		总计	4 740.193	2 539.958	353
	触控笔输入	3.5	4 029.455	2 171.044	88
		5.5	5 210.267	2 465.862	90
		7.0	5 692.124	3 568.475	89
		9.7	4 182.422	1 946.021	90
		总计	4 780.205	2 692.731	357
	总计	3.5	4 516.808	2 594.874	266
		5.5	5 504.750	2 680.832	264
		7.0	5 585.637	3 245.487	179
		9.7	4 100.938	1 921.078	178
		总计	4 943.090	2 715.722	887
左下角	拇指输入	3.5	5 559.146	3 067.582	89
		5.5	6 517.466	3 228.314	88
		总计	6 035.599	3 176.115	177
	食指输入	3.5	4 020.011	2 104.734	89
		5.5	5 302.349	2 819.256	86
		7.0	5 581.133	2 751.077	90
		9.7	3 842.648	1 843.038	88
		总计	4 686.227	2 523.406	353
	触控笔输入	3.5	3 821.136	2 026.579	88
		5.5	5 676.889	3 592.837	90
		7.0	5 568.315	2 923.994	89
		9.7	4 123.267	1 966.346	90
		总计	4 800.712	2 829.391	357

续表 L.1

输入框大小	输入方式	显示大小/英寸	均　值	标准差	N
左下角	总计	3.5	4 469.192	2 559.389	266
		5.5	5 835.072	3 262.183	264
		7.0	5 574.760	2 830.387	179
		9.7	3 984.534	1 906.196	178
		总计	5 001.571	2 831.921	887
右下角	拇指输入	3.5	5 597.281	3 229.267	89
		5.5	6 109.477	3 112.283	88
		总计	5 851.932	3 173.036	177
	食指输入	3.5	3 799.303	1 954.886	89
		5.5	5 644.465	2 712.499	86
		7.0	6 035.944	2 981.472	90
		9.7	4 088.534	2 050.926	88
		总计	4 891.184	2 637.322	353
	触控笔输入	3.5	4 621.136	2 696.245	88
		5.5	5 152.633	2 681.540	90
		7.0	7 115.191	4 903.401	89
		9.7	4 181.289	2 012.700	90
		总计	5 266.008	3 433.463	357
	总计	3.5	4 672.767	2 768.183	266
		5.5	5 631.799	2 858.404	264
		7.0	6 572.553	4 077.254	179
		9.7	4 135.433	2 026.472	178
		总计	5 233.760	3 102.196	887

表 L.2　实验三准确率(每字)的描述性统计完整结果

输入框位置	输入方式	显示大小/英寸	均　值	标准差	N
左上角	拇指输入	3.5	0.562	0.499	89
		5.5	0.421	0.496	88
		总计	0.492	0.501	177
	食指输入	3.5	0.607	0.491	89
		5.5	0.535	0.502	86
		7.0	0.411	0.495	90
		9.7	0.523	0.502	88
		总计	0.518	0.500	353

续表 L.2

输入框大小	输入方式	显示大小/英寸	均 值	标准差	N
左上角	触控笔输入	3.5	0.511	0.503	88
		5.5	0.544	0.501	90
		7.0	0.539	0.501	89
		9.7	0.500	0.503	90
		总计	0.524	0.500	357
	总计	3.5	0.560	0.497	266
		5.5	0.500	0.501	264
		7.0	0.475	0.501	179
		9.7	0.511	0.501	178
		总计	0.515	0.500	887
右上角	拇指输入	3.5	0.551	0.500	89
		5.5	0.523	0.502	88
		总计	0.537	0.500	177
	食指输入	3.5	0.551	0.500	89
		5.5	0.465	0.502	86
		7.0	0.533	0.502	90
		9.7	0.557	0.500	88
		总计	0.527	0.500	353
	触控笔输入	3.5	0.511	0.503	88
		5.5	0.567	0.498	90
		7.0	0.416	0.496	89
		9.7	0.467	0.502	90
		总计	0.490	0.501	357
	总计	3.5	0.538	0.500	266
		5.5	0.519	0.501	264
		7.0	0.475	0.501	179
		9.7	0.511	0.501	178
		总计	0.514	0.500	887
正中央	拇指输入	3.5	0.506	0.503	89
		5.5	0.455	0.501	88
		总计	0.480	0.501	177
	食指输入	3.5	0.596	0.494	89
		5.5	0.500	0.503	86
		7.0	0.533	0.502	90
		9.7	0.546	0.501	88
		总计	0.544	0.499	353

续表 L.2

输入框大小	输入方式	显示大小/英寸	均　值	标准差	N
正中央	触控笔输入	3.5	0.534	0.502	88
		5.5	0.533	0.502	90
		7.0	0.618	0.489	89
		9.7	0.489	0.503	90
		总计	0.543	0.499	357
	总计	3.5	0.545	0.499	266
		5.5	0.496	0.501	264
		7.0	0.575	0.496	179
		9.7	0.517	0.501	178
		总计	0.531	0.499	887
左下角	拇指输入	3.5	0.472	0.502	89
		5.5	0.352	0.480	88
		总计	0.412	0.494	177
	食指输入	3.5	0.607	0.491	89
		5.5	0.488	0.503	86
		7.0	0.533	0.502	90
		9.7	0.432	0.498	88
		总计	0.516	0.500	353
	触控笔输入	3.5	0.602	0.492	88
		5.5	0.622	0.488	90
		7.0	0.528	0.502	89
		9.7	0.411	0.495	90
		总计	0.541	0.499	357
	总计	3.5	0.560	0.497	266
		5.5	0.489	0.501	264
		7.0	0.531	0.500	179
		9.7	0.421	0.495	178
		总计	0.505	0.500	887
右下角	拇指输入	3.5	0.607	0.491	89
		5.5	0.500	0.503	88
		总计	0.554	0.499	177
	食指输入	3.5	0.596	0.494	89
		5.5	0.442	0.500	86
		7.0	0.500	0.503	90
		9.7	0.511	0.503	88
		总计	0.513	0.501	353

续表 L.2

输入框大小	输入方式	显示大小/英寸	均　值	标准差	N
右下角	触控笔输入	3.5	0.523	0.502	88
		5.5	0.533	0.502	90
		7.0	0.506	0.503	89
		9.7	0.478	0.502	90
		总计	0.510	0.501	357
	总计	3.5	0.575	0.495	266
		5.5	0.492	0.501	264
		7.0	0.503	0.501	179
		9.7	0.494	0.501	178
		总计	0.520	0.500	887

表 L.3　实验三触框次数(每字)的描述性统计完整结果

输入框位置	输入方式	显示大小/英寸	均　值	标准差	N
左上角	拇指输入	3.5	0.910	2.043	89
		5.5	0.875	1.825	88
		总计	0.893	1.932	177
	食指输入	3.5	0.562	1.224	89
		5.5	0.360	0.932	86
		7.0	0.222	0.746	90
		9.7	0.034	0.320	88
		总计	0.295	0.888	353
	触控笔输入	3.5	0.216	0.750	88
		5.5	0.089	0.489	90
		7.0	0.112	0.463	89
		9.7	0.122	0.516	90
		总计	0.134	0.565	357
	总计	3.5	0.564	1.466	266
		5.5	0.439	1.253	264
		7.0	0.168	0.623	179
		9.7	0.079	0.431	178
		总计	0.349	1.123	887
右上角	拇指输入	3.5	0.393	1.007	89
		5.5	0.489	1.072	88
		总计	0.441	1.038	177

续表 L.3

输入框大小	输入方式	显示大小/英寸	均　值	标准差	N
右上角	食指输入	3.5	0.315	0.792	89
		5.5	0.070	0.369	86
		7.0	0.111	0.461	90
		9.7	<0.001*	<0.001*	88
		总计	0.125	0.507	353
	触控笔输入	3.5	0.045	0.300	88
		5.5	0.100	0.520	90
		7.0	0.045	0.257	89
		9.7	<0.001*	<0.001*	90
		总计	0.048	0.328	357
	总计	3.5	0.252	0.773	266
		5.5	0.220	0.743	264
		7.0	0.078	0.374	179
		9.7	<0.001*	<0.001*	178
		总计	0.157	0.617	887
正中央	拇指输入	3.5	1.483	2.997	89
		5.5	0.443	1.113	88
		总计	0.966	2.318	177
	食指输入	3.5	0.753	1.798	89
		5.5	0.070	0.369	86
		7.0	0.156	0.669	90
		9.7	0.091	0.495	88
		总计	0.269	1.046	353
	触控笔输入	3.5	0.102	0.568	88
		5.5	0.189	0.717	90
		7.0	0.112	0.510	89
		9.7	0.056	0.378	90
		总计	0.115	0.557	357
	总计	3.5	0.782	2.117	266
		5.5	0.235	0.807	264
		7.0	0.134	0.594	179
		9.7	0.073	0.439	178
		总计	0.346	1.314	887
左下角	拇指输入	3.5	0.843	2.435	89
		5.5	0.511	1.454	88
		总计	0.678	2.009	177

续表 L.3

输入框大小	输入方式	显示大小/英寸	均　值	标准差	N
左下角	食指输入	3.5	0.169	0.829	89
		5.5	0.081	0.536	86
		7.0	0.144	0.680	90
		9.7	0.034	0.320	88
		总计	0.108	0.621	353
	触控笔输入	3.5	0.068	0.450	88
		5.5	0.033	0.316	90
		7.0	0.045	0.424	89
		9.7	0.056	0.378	90
		总计	0.050	0.393	357
	总计	3.5	0.361	1.544	266
		5.5	0.208	0.934	264
		7.0	0.095	0.568	179
		9.7	0.045	0.350	178
		总计	0.198	1.037	887
右下角	拇指输入	3.5	0.090	0.557	89
		5.5	0.057	0.438	88
		总计	0.073	0.500	177
	食指输入	3.5	0.011	0.106	89
		5.5	0.047	0.431	86
		7.0	0.111	0.626	90
		9.7	<0.001*	<0.001*	88
		总计	0.042	0.386	353
	触控笔输入	3.5	<0.001*	<0.001*	88
		5.5	0.044	0.422	90
		7.0	<0.001*	<0.001*	89
		9.7	0.089	0.415	90
		总计	0.034	0.298	357
	总计	3.5	0.034	0.329	266
		5.5	0.049	0.429	264
		7.0	0.056	0.446	179
		9.7	0.045	0.297	178
		总计	0.045	0.380	887

* 表示该水平显著。

表 L.4　实验三重写次数(每字)的描述性统计完整结果

输入框大小	输入方式	显示大小/英寸	均　值	标准差	N
左上角	拇指输入	3.5	0.292	0.678	89
		5.5	0.182	0.515	88
		总计	0.237	0.603	177
	食指输入	3.5	0.315	0.806	89
		5.5	0.209	0.671	86
		7.0	0.111	0.409	90
		9.7	0.068	0.395	88
		总计	0.176	0.601	353
	触控笔输入	3.5	0.318	1.264	88
		5.5	0.378	0.815	90
		7.0	0.337	0.783	89
		9.7	0.100	0.337	90
		总计	0.283	0.865	357
	总计	3.5	0.308	0.945	266
		5.5	0.258	0.682	264
		7.0	0.223	0.632	179
		9.7	0.084	0.366	178
		总计	0.231	0.720	887
右上角	拇指输入	3.5	0.303	0.745	89
		5.5	0.102	0.373	88
		总计	0.203	0.597	177
	食指输入	3.5	0.326	0.780	89
		5.5	0.128	0.527	86
		7.0	0.056	0.275	90
		9.7	0.068	0.295	88
		总计	0.144	0.521	353
	触控笔输入	3.5	0.239	0.743	88
		5.5	0.344	0.673	90
		7.0	0.135	0.457	89
		9.7	0.178	0.696	90
		总计	0.224	0.654	357
	总计	3.5	0.289	0.754	266
		5.5	0.193	0.549	264
		7.0	0.095	0.378	179
		9.7	0.124	0.538	178
		总计	0.188	0.593	887

续表 L.4

输入框大小	输入方式	显示大小/英寸	均 值	标准差	N
正中央	拇指输入	3.5	0.157	0.450	89
		5.5	0.170	0.460	88
		总计	0.164	0.454	177
	食指输入	3.5	0.247	0.570	89
		5.5	0.233	0.546	86
		7.0	0.022	0.148	90
		9.7	0.068	0.254	88
		总计	0.142	0.429	353
	触控笔输入	3.5	0.080	0.312	88
		5.5	0.556	1.291	90
		7.0	0.135	0.588	89
		9.7	0.033	0.181	90
		总计	0.202	0.760	357
	总计	3.5	0.162	0.460	266
		5.5	0.322	0.871	264
		7.0	0.078	0.430	179
		9.7	0.051	0.220	178
		总计	0.170	0.589	887
左下角	拇指输入	3.5	0.225	0.670	89
		5.5	0.295	0.776	88
		总计	0.260	0.723	177
	食指输入	3.5	0.124	0.472	89
		5.5	0.209	0.576	86
		7.0	0.044	0.207	90
		9.7	0.034	0.183	88
		总计	0.102	0.400	353
	触控笔输入	3.5	0.068	0.254	88
		5.5	0.322	0.819	90
		7.0	0.124	0.496	89
		9.7	0.033	0.181	90
		总计	0.137	0.515	357
	总计	3.5	0.139	0.499	266
		5.5	0.277	0.732	264
		7.0	0.084	0.380	179
		9.7	0.034	0.181	178
		总计	0.148	0.527	887

续表 L.4

输入框大小	输入方式	显示大小/英寸	均　值	标准差	N
右下角	拇指输入	3.5	0.101	0.339	89
		5.5	0.273	0.739	88
		总计	0.186	0.578	177
	食指输入	3.5	0.067	0.252	89
		5.5	0.163	0.457	86
		7.0	0.133	0.342	90
		9.7	0.068	0.295	88
		总计	0.108	0.345	353
	触控笔输入	3.5	0.102	0.568	88
		5.5	0.222	0.858	90
		7.0	0.326	1.009	89
		9.7	0.078	0.269	90
		总计	0.182	0.737	357
	总计	3.5	0.090	0.407	266
		5.5	0.220	0.707	264
		7.0	0.229	0.756	179
		9.7	0.073	0.282	178
		总计	0.153	0.577	887

表 L.5　实验三满意度的描述性统计完整结果

输入框大小	输入方式	显示大小/英寸	均　值	标准差	N
左上角	拇指输入	3.5	2.453	0.610	5
		5.5	2.080	1.396	5
		总计	2.267	1.035	10
	食指输入	3.5	2.680	1.221	5
		5.5	2.947	0.288	5
		7.0	3.173	1.081	5
		9.7	3.453	1.192	5
		总计	3.063	0.981	20
	触控笔输入	3.5	2.733	0.531	5
		5.5	2.267	0.662	5
		7.0	2.627	0.755	5
		9.7	3.160	1.190	5
		总计	2.697	0.823	20

续表 L.5

输入框大小	输入方式	显示大小/英寸	均 值	标准差	N
左上角	总计	3.5	2.622	0.793	15
		5.5	2.431	0.924	15
		7.0	2.900	0.925	10
		9.7	3.307	1.134	10
		总计	2.757	0.960	50
右上角	拇指输入	3.5	2.640	0.603	5
		5.5	3.427	1.092	5
		总计	3.033	0.929	10
	食指输入	3.5	2.760	1.187	5
		5.5	3.307	0.385	5
		7.0	3.600	0.653	5
		9.7	3.800	0.843	5
		总计	3.367	0.854	20
	触控笔输入	3.5	2.973	0.407	5
		5.5	2.387	1.026	5
		7.0	3.040	0.434	5
		9.7	3.693	1.010	5
		总计	3.023	0.858	20
	总计	3.5	2.791	0.758	15
		5.5	3.040	0.956	15
		7.0	3.320	0.600	10
		9.7	3.747	0.879	10
		总计	3.163	0.869	50
正中央	拇指输入	3.5	3.293	0.968	5
		5.5	3.013	0.768	5
		总计	3.153	0.837	10
	食指输入	3.5	3.760	0.597	5
		5.5	3.187	0.857	5
		7.0	3.720	0.504	5
		9.7	3.867	0.982	5
		总计	3.633	0.748	20
	触控笔输入	3.5	4.080	0.584	5
		5.5	2.013	1.294	5
		7.0	3.787	0.331	5
		9.7	4.187	0.498	5
		总计	3.517	1.147	20

续表 L.5

输入框大小	输入方式	显示大小/英寸	均　值	标准差	N
正中央	总计	3.5	3.711	0.761	15
		5.5	2.738	1.069	15
		7.0	3.753	0.404	10
		9.7	4.027	0.753	10
		总计	3.491	0.942	50
左下角	拇指输入	3.5	3.467	0.533	5
		5.5	1.160	0.810	5
		总计	2.313	1.377	10
	食指输入	3.5	3.773	0.678	5
		5.5	2.920	0.899	5
		7.0	3.053	0.814	5
		9.7	3.893	1.095	5
		总计	3.410	0.923	20
	触控笔输入	3.5	3.667	0.581	5
		5.5	2.200	0.793	5
		7.0	3.520	0.530	5
		9.7	3.907	0.653	5
		总计	3.323	0.903	20
	总计	3.5	3.636	0.571	15
		5.5	2.093	1.076	15
		7.0	3.287	0.693	10
		9.7	3.900	0.850	10
		总计	3.156	1.085	50
右下角	拇指输入	3.5	2.067	0.819	5
		5.5	2.947	0.915	5
		总计	2.507	0.941	10
	食指输入	3.5	4.067	0.476	5
		5.5	3.320	0.861	5
		7.0	3.280	0.412	5
		9.7	3.667	1.067	5
		总计	3.583	0.765	20
	触控笔输入	3.5	3.187	0.465	5
		5.5	2.267	1.014	5
		7.0	2.853	0.905	5
		9.7	3.973	1.106	5
		总计	3.070	1.045	20

续表 L.5

输入框大小	输入方式	显示大小/英寸	均　值	标准差	N
右下角	总计	3.5	3.107	1.018	15
		5.5	2.844	0.974	15
		7.0	3.067	0.700	10
		9.7	3.820	1.037	10
		总计	3.163	0.988	50

表 L.6　实验三工作负荷的描述性统计完整结果

	输入方式	显示大小/英寸	均　值	标准差	N
左上角	拇指输入	3.5	55.693	28.700	5
		5.5	45.733	10.375	5
		总计	50.713	21.011	10
	食指输入	3.5	42.293	18.320	5
		5.5	56.920	11.469	5
		7.0	47.333	13.558	5
		9.7	37.093	17.395	5
		总计	45.910	16.034	20
	触控笔输入	3.5	65.600	16.925	5
		5.5	45.507	20.057	5
		7.0	42.067	19.568	5
		9.7	31.573	12.878	5
		总计	46.187	20.506	20
	总计	3.5	54.529	22.601	15
		5.5	49.387	14.618	15
		7.0	44.700	16.112	10
		9.7	34.333	14.719	10
		总计	46.981	18.638	50
右上角	拇指输入	3.5	52.293	29.222	5
		5.5	43.507	17.847	5
		总计	47.900	23.292	10
	食指输入	3.5	36.453	10.927	5
		5.5	54.960	12.504	5
		7.0	54.413	16.515	5
		9.7	28.853	14.974	5
		总计	43.670	17.265	20

续表 L.6

	输入方式	显示大小/英寸	均　值	标准差	N
右上角	触控笔输入	3.5	57.627	7.624	5
		5.5	53.187	9.993	5
		7.0	42.693	27.588	5
		9.7	33.107	16.042	5
		总计	46.653	18.520	20
	总计	3.5	48.791	19.528	15
		5.5	50.551	13.833	15
		7.0	48.553	22.308	10
		9.7	30.980	14.800	10
		总计	45.709	18.742	50
正中央	拇指输入	3.5	34.213	23.762	5
		5.5	53.827	11.892	5
		总计	44.020	20.510	10
	食指输入	3.5	34.640	15.175	5
		5.5	54.547	12.717	5
		7.0	48.013	9.189	5
		9.7	27.627	13.785	5
		总计	41.207	16.100	20
	触控笔输入	3.5	56.360	18.446	5
		5.5	54.880	4.510	5
		7.0	31.933	24.241	5
		9.7	41.587	21.575	5
		总计	46.190	20.094	20
	总计	3.5	41.738	20.950	15
		5.5	54.418	9.624	15
		7.0	39.973	19.249	10
		9.7	34.607	18.587	10
		总计	43.763	18.423	50
左下角	拇指输入	3.5	37.360	26.488	5
		5.5	62.400	13.481	5
		总计	49.880	23.807	10
	食指输入	3.5	32.893	9.785	5
		5.5	54.880	12.532	5
		7.0	50.973	15.948	5
		9.7	32.787	18.870	5
		总计	42.883	17.027	20

续表 L.6

	输入方式	显示大小/英寸	均 值	标准差	N
左下角	触控笔输入	3.5	51.347	11.220	5
		5.5	46.333	17.309	5
		7.0	30.760	21.205	5
		9.7	40.253	29.174	5
		总计	42.173	20.625	20
	总计	3.5	40.533	18.166	15
		5.5	54.538	15.118	15
		7.0	40.867	20.649	10
		9.7	36.520	23.495	10
		总计	43.999	19.758	50
右下角	拇指输入	3.5	39.587	29.100	5
		5.5	46.467	8.431	5
		总计	43.027	20.521	10
	食指输入	3.5	31.040	16.762	5
		5.5	50.760	7.089	5
		7.0	50.400	2.126	5
		9.7	29.547	11.529	5
		总计	40.437	14.397	20
	触控笔输入	3.5	56.920	11.123	5
		5.5	52.587	3.770	5
		7.0	38.227	23.200	5
		9.7	33.160	16.550	5
		总计	45.223	17.363	20
	总计	3.5	42.516	21.949	15
		5.5	49.938	6.766	15
		7.0	44.313	16.804	10
		9.7	31.353	13.580	10
		总计	42.869	16.712	50

表 L.7 实验三偏好程度的的描述性统计完整结果

输入框位置	输入方式	显示大小/英寸	均 值	标准差	N
左上角	拇指输入	3.5	2.414	0.927	5
		5.5	2.000	1.732	5
		总计	2.207	1.328	10

续表 L.7

输入框位置	输入方式	显示大小/英寸	均　值	标准差	N
左上角	食指输入	3.5	1.800	0.447	5
		5.5	3.400	1.949	5
		7.0	4.000	1.871	5
		9.7	3.400	1.517	5
		总计	3.150	1.663	20
	触控笔输入	3.5	3.200	0.837	5
		5.5	2.800	1.483	5
		7.0	4.000	1.414	5
		9.7	2.946	1.910	5
		总计	3.237	1.423	20
	总计	3.5	2.472	0.924	15
		5.5	2.733	1.710	15
		7.0	4.000	1.563	10
		9.7	3.173	1.644	10
		总计	2.996	1.530	50
右上角	拇指输入	3.5	3.414	1.823	5
		5.5	5.000	1.225	5
		总计	4.207	1.686	10
	食指输入	3.5	3.400	1.949	5
		5.5	5.800	1.095	5
		7.0	5.200	1.304	5
		9.7	4.400	1.342	5
		总计	4.700	1.625	20
	触控笔输入	3.5	3.000	1.414	5
		5.5	3.000	1.414	5
		7.0	4.800	0.447	5
		9.7	3.946	1.945	5
		总计	3.687	1.508	20
	总计	3.5	3.272	1.627	15
		5.5	4.600	1.682	15
		7.0	5.000	0.943	10
		9.7	4.173	1.593	10
		总计	4.196	1.624	50

续表 L.7

输入框位置	输入方式	显示大小/英寸	均　值	标准差	N
正中央	拇指输入	3.5	4.814	1.781	5
		5.5	4.200	1.304	5
		总计	4.507	1.507	10
	食指输入	3.5	4.800	1.095	5
		5.5	5.200	1.924	5
		7.0	5.600	0.894	5
		9.7	5.800	1.095	5
		总计	5.350	1.268	20
	触控笔输入	3.5	5.800	1.095	5
		5.5	3.800	1.924	5
		7.0	5.600	0.548	5
		9.7	5.146	2.036	5
		总计	5.087	1.615	20
	总计	3.5	5.138	1.352	15
		5.5	4.400	1.724	15
		7.0	5.600	0.699	10
		9.7	5.473	1.580	10
		总计	5.076	1.466	50
左下角	拇指输入	3.5	4.814	0.820	5
		5.5	1.200	0.447	5
		总计	3.007	2.004	10
	食指输入	3.5	4.400	0.894	5
		5.5	4.200	2.168	5
		7.0	3.400	1.673	5
		9.7	4.800	1.789	5
		总计	4.200	1.642	20
	触控笔输入	3.5	4.800	0.837	5
		5.5	2.600	1.517	5
		7.0	4.200	2.049	5
		9.7	3.946	1.945	5
		总计	3.887	1.730	20
	总计	3.5	4.672	0.813	15
		5.5	2.667	1.915	15
		7.0	3.800	1.814	10
		9.7	4.373	1.818	10
		总计	3.836	1.772	50

续表 L.7

输入框位置	输入方式	显示大小/英寸	均　值	标准差	N
右下角	拇指输入	3.5	2.814	0.863	5
		5.5	3.400	1.673	5
		总计	3.107	1.292	10
	食指输入	3.5	5.600	0.894	5
		5.5	5.600	1.140	5
		7.0	5.600	1.140	5
		9.7	3.800	1.643	5
		总计	5.150	1.387	20
	触控笔输入	3.5	3.800	0.837	5
		5.5	3.000	1.581	5
		7.0	5.000	1.000	5
		9.7	3.946	2.070	5
		总计	3.937	1.523	20
	总计	3.5	4.072	1.437	15
		5.5	4.000	1.813	15
		7.0	5.300	1.059	10
		9.7	3.873	1.764	10
		总计	4.256	1.609	50

参考文献

[1] PERRY K B, HOURCADE J P. Evaluating one handed thumb tapping on mobile touchscreen devices [C]//Graphics Interface Conference. Windsor, Ontario, Canada: Canadian Information Processing Society, 2008: 57-64.

[2] PARK Y S, HAN S H. One-handed thumb interaction of mobile devices from the input accuracy perspective[J]. International Journal of Industrial Ergonomics, 2010, 40(6): 746-756.

[3] BORING S, LEDO D, CHEN X A, et al. The fat thumb: using the thumb's contact size for single-handed mobile interaction[C]//International Conference. San Francisco, California, USA: ACM, 2012: 39-48.

[4] TRUDEAU M B, UDTAMADILOK T, KARLSON A K et al. Thumb motor performance varies by movement orientation, direction, and device size during single-handed mobile phone use[J]. Human Factors: The Journal of the Human Factors and Ergonomics Society, 2012, 54(1): 52-59.

[5] TRUDEAU M B, YOUNG J G, JINDRICH D L et al. Thumb motor performance varies with thumb and wrist posture during single-handed mobile phone use[J]. Journal of Biomechanics, 2012, 45(14): 2349-2354.

[6] 龙腾. 旋转方向无关的无约束手写中文词组识别[D]. 广州：华南理工大学，2008.

[7] 丁凯. 基于增量学习的中文手写书写者自适应技术研究[D]. 广州：华南理工大学，2011.

[8] 陈胤子. 手写识别算法研究及在移动平台上的应用[D]. 北京：北京邮电大学，2011.

[9] MA M Y, WANG S P. Using semantics in matching cursive Chinese handwritten annotations[C]//AMIN A, DORID, PUDIL P, et al. Advances in Pattern Recognition. Berlin: Springer Berlin Heidelberg, 1998: 292-301.

[10] SRIHARI S, YANG X, BALL G. Offline Chinese handwriting recognition: an assessment of current technology[J]. Frontiers of Computer Science in China, 2007, 1(2): 137-155.

[11] WANG F, REN X. Empirical evaluation for finger input properties in multi-touch interaction[C]//International Conference on Human Factors in Computing System. Boston, MA, USA: ACM, 2009: 1063-1072.

[12] READ J C. A study of the usability of handwriting recognition for text entry by children[J]. Interacting with Computers, 2007, 19(1): 57-69.

[13] 何灿群. 基于拇指操作的中文手机键盘布局的工效学研究[D]. 杭州：浙江大学，2009.

[14] 中华人民共和国教育部国家语言文字工作委员会. 字符集汉字折笔规范：GF 2001—2001[S]. 北京：语文出版社，2009.

[15] HWANG S L, WANG M Y, HER C C. An experimental study of Chinese information displays on VDTs[J]. Human Factors: The Journal of the Human Factors and Ergonomics Society, 1988, 30(4): 461-471.

[16] MARTI U V, BUNKE H. Using a statistical language model to improve the performance of an hmm-based cursive handwriting recognition system[J]. International Journal of Pattern Recognition and Artificial Intelligence, 2001, 15(01): 65-90.

[17] GAO Q, ZHU B, RAU P L, et al. User experience with Chinese handwriting input on touch-screen mo-

bile phones[C]//International Conference on Cross-cultural Design. Berlin: Springer Berlin Heidelberg, 2013: 384-392.

[18] WU F G, LUO S. Performance study on touch-pens size in three screen tasks[J]. Applied Ergonomics, 2006, 37(2): 149-158.

[19] WU F G, LUO S. Performance of the five-point grip pen in three screen-based tasks[J]. Applied Ergonomics, 2006, 37(5): 629-639.

[20] WU F G, LUO S. Design and evaluation approach for increasing stability and performance of touch pens in screen handwriting tasks[J]. Applied Ergonomics, 2006, 37(3): 319-327.

[21] GOONETILLEKE R S, HOFFMANN E R, LUXIMON A. Effects of pen design on drawing and writing performance[J]. Applied Ergonomics, 2009, 40(2): 292-301.

[22] CAO X, VILLAR N, IZADI S. Comparing user performance with single-finger, whole-hand, and hybrid pointing devices[C]//Proceedings of the 28th International Conference on Human Factors in Computing Systems. Atlanta, Georgia USA: ACM, 2010: 1643-1646.

[23] KARLSON A K, BEDERSON B B. One-handed touchscreen input for legacy applications[C]//Proceedings of the 2008 Conference on Human Factors in Computing Systems. Florence, Italy: ACM, 2008: 1399-1408.

[24] TSENG M H, CERMAK S A. The influence of ergonomic factors and perceptual-motor abilities on handwriting performance[J]. The American journal of occupational Therapy, 1993, 47(10): 919-926.

[25] GRAHAM S, WEINTRAUB N. A review of handwriting research: Progress and prospects from 1980 to 1994[J]. Educational Psychology Review, 1996, 8(1): 7-87.

[26] FU S, CHEN Y, SMITH S, et al. Effects of word form on brain processing of written Chinese[J]. NeuroImage, 2002, 17(3): 1538-1548.

[27] TUCHA O, MECKLINGER L, WALITZA S et al. Attention and movement execution during handwriting[J]. Human Movement Science, 2006, 25(4-5): 536-552.

[28] HEPP-REYMOND M C, CHAKAROV V, SCHULTE-MÖNTING J et al. Role of proprioception and vision in handwriting[J]. Brain Research Bulletin, 2009, 79(6): 365-370.

[29] BARA F, GENTAZ E. Haptics in teaching handwriting: The role of perceptual and visuo-motor skills [J]. Human Movement Science, 2011, 30(4): 745-759.

[30] LIU Y, RÄIHÄ K J. Predicting Chinese text entry speeds on mobile phones[J]. Proceedings of the 28th International Conference on Human Factors in Computing Systems, 2010: 2183.

[31] FITTS P M. The information capacity of the human motor system in controlling the amplitude of movement[J]. Journal of Experimental Psychology, 1954, 47(6): 381-391.

[32] MACKENZIE I S. A note on the information-theoretic basis for Fitts' law[J]. Journal of Motor Behavior, 1989, 21(3): 323-330.

[33] MACKENZIE I S. Fitts' law as a research and design tool in human-computer interaction[J]. Human-computer Interaction, 1992, 7(1): 91-139.

[34] ACCOT J, ZHAI S. Beyond Fitts' law: models for trajectory-based HCI tasks[C]//Human Factors in Computing Systems. Atlanta, Georgia, USA: ACM, 1997: 295-302.

[35] ACCOT J, ZHAI S. Refining Fitts' law models for bivariate pointing[C]//Proceeding of the 2003 Conference on Human Factors in Computing Systems. Lauderdale, Florida, USA: ACM, 2003: 193-200.

[36] SIMARD B, PRASADA B, SINHA R M K. On-line character recognition using handwriting modelling [J]. Pattern Recognition, 1993, 26(7): 993-1007.

[37] LIU C L, JAEGER S, NAKAGAWA M. Online recognition of Chinese characters: the state-of-the-art

[J]. Pattern Analysis and Machine Intelligence, IEEE Transactions on, 2004, 26(2): 198-213.

[38] BAHLMANN C. Directional features in online handwriting recognition[J]. Pattern Recognition, 2006, 39(1): 115-125.

[39] HOLZ C, BAUDISCH P. The generalized perceived input point model and how to double touch accuracy by extracting fingerprints[C]//Proceeding of the 28th International Conference on Human Factors in Computing Systems. Atlanta, Georgia, USA: ACM, 2010: 581-590.

[40] EBENBICHLER G, KOLLMITZER J, QUITTAN M et al. EMG fatigue patterns accompanying isometric fatiguing knee-extensions are different in mono- and bi-articular muscles[J]. Electroencephalography and Clinical Neurophysiology/Electromyography and Motor Control, 1998, 109(3): 256-262.

[41] HAUTIER C A, ARSAC L M, DEGHDEGH K, et al. Influence of fatigue on EMG/force ratio and cocontraction in cycling[J]. Medicine and Science in Sports and Exercise, 2000, 32(4): 839-843.

[42] 王笃明,王健,葛列众. 肌肉疲劳的 sEMG 时频分析技术及其在工效学中的应用[J]. 航天医学与医学工程, 2003,16(05): 387-390.

[43] RUPASOV V I, LEBEDEV M A, ERLICHMAN J S, et al. Time-dependent statistical and correlation properties of neural signals during handwriting[J]. PloS ONE, 2012, 7(9): e43945.

[44] RUPASOV V I, LEBEDEV M A, ERLICHMAN J S, et al. Neuronal variability during handwriting: lognormal distribution[J]. PloS ONE, 2012, 7(4): e34759.

[45] LINDERMAN M, LEBEDEV M A, ERLICHMAN J S. Recognition of handwriting from electromyography[J]. PloS ONE, 2009, 4(8): e6791.

[46] GEORGE R. Human finger types[J]. The Anatomical Record,1930, 46(2): 199-204.

[47] PETERS M, MACKENZIE K, BRYDEN P. Finger length and distal finger extent patterns in humans [J]. American Journal of Physical Anthropology, 2002, 117(3): 209-217.

[48] NAPIER J R, TUTTLE R. Hands[M]. New Jersey: Princeton University Press, 1993.

[49] ELKOURA G, SINGH K. Handrix: animating the human hand[C]//Eurographics/sigraph Symposium Computer Animation. San Diego, California: Eurographics Association, 2003: 110-119.

[50] 中国标准化与信息分类编码研究所. 中国成年人人体尺寸: GB 10000—88[S]. 北京: 中国标准出版社, 1988.

[51] 中国标准化与信息分类编码研究所. 成年人手部号型: GB/T 16252—1996[S]. 北京: 中国标准出版社, 1996.

[52] LI Y, JIN L, ZHU X et al. SCUT-COUCH2008: A comprehensive online unconstrained Chinese handwriting dataset[J]. ICFHR, 2008: 165-170.

[53] CAO X, WILSON A D, BALAKRISHNAN R, et al. ShapeTouch: Leveraging contact shape on interactive surfaces[C]//Horizontal Interactive Human Computer Systems, 2008. TABLETOP 2008. 3rd IEEE International Workshop on. IEEE, 2008: 129-136.

[54] AHSANULLAH, MAHMOOD A, SULAIMAN S. Investigation of fingertip blobs on optical multi-touch screen[C]//2010 International Symposium on Information Technology. Kuala Lumpur, Malaysia: IEEE, 2010: 1-6.

[55] STEWART C, ROHS M, KRATZ S, et al. Characteristics of pressure-based input for mobile devices [C]//Proceedings of the 28th International Conference on Human Factors in Computing Systems. Atlanta, Georgia, USA: ACM, 2010, 801-810.

[56] WATANABE Y, MAKINO Y, SATO K, et al. Contact force and finger angles estimation for touch panel by detecting transmitted light on fingernail[J]. Springer Berlin Heidelberg, 2012: 601-612.

[57] HSIEH C C, TSAI M R, SU M C. A fingertip extraction method and its application to handwritten al-

phanumeric characters recognition[C]//Signal Image Technology and Internet Based Systems, 2008. SITIS '08. IEEE International Conference on, 2008: 293-300.

[58] VAN GEMMERT A W A, TEULINGS H L, STELMACH G E. The influence of mental and motor load on handwriting movements in Parkinsonian patients[J]. Acta Psychologica, 1998, 100(1-2): 161-175.

[59] SOECHTING J F, FLANDERS M. Flexibility and repeatability of finger movements during typing: analysis of multiple degrees of freedom[J]. Journal of computational neuroscience, 1997, 4(1): 29-46.

[60] LAM S S T, AU R K C, LEUNG H W H, et al. Chinese handwriting performance of primary school children with dyslexia[J]. Research in Developmental Disabilities, 2011, 32(5): 1745-1756.

[61] BECK J. Handwriting of the alcoholic[J]. Forensic Science International, 1985, 28(1): 19-26.

[62] ASICIOGLU F, TURAN N. Handwriting changes under the effect of alcohol[J]. Forensic Science International, 2003, 132(3): 201-210.

[63] BIDET ILDEI C, POLLAK P, KANDEL S, et al. Handwriting in patients with Parkinson disease: Effect of l-dopa and stimulation of the sub-thalamic nucleus on motor anticipation[J]. Human Movement Science, 2011, 30(4):783.

[64] HÄGER-ROSS C, SCHIEBER M H. Quantifying the independence of human finger movements: comparisons of digits, hands, and movement frequencies[J]. The Journal of Neuroscience, 2000, 20(22): 8542-8550.

[65] ZHANG X, BRAIDO P, LEE S W, et al. A normative database of thumb circumduction in Vivo: center of rotation and range of motion[J]. Human Factors: The Journal of the Human Factors and Ergonomics Society, 2005, 47(3): 550-561.

[66] CASH G. Thumbs[J]. Nature, 2011, 475(7355): 260-260.

[67] PHILLIPS J G, OGEIL R P. Curved motions in horizontal and vertical orientations[J]. Human Movement Science, 2010, 29(5): 737-750.

[68] POON K W, LI TSANG C W P, WEISS T P L, et al. The effect of a computerized visual perception and visual-motor integration training program on improving Chinese handwriting of children with handwriting difficulties[J]. Research in Developmental Disabilities, 2010, 31(6): 1552-1560.

[69] CHARTREL E, VINTER A. The impact of spatio-temporal constraints on cursive letter handwriting in children[J]. Learning and Instruction, 2008, 18(6): 537-547.

[70] GLASS B, KISTLER J. Distal hyperextensibility of the thumb[J]. Acta Genet. Statist. Med., 1953, 4(2-3): 5.

[71] EDIN B B, ABBS J H. Finger movement responses of cutaneous mechanoreceptors in the dorsal skin of the human hand[J]. Journal of neurophysiology, 1991, 65(3): 657-670.

[72] MCGUNNIGLE G, CHANTLER M J. Resolving handwriting from background printing using photometric stereo[J]. Pattern Recognition, 2003, 36(8): 1869-1879.

[73] PARHI P, KARLSON A K, BEDERSON B B. Target size study for one-handed thumb use on small touchscreen devices[C]//Proceedings of the 8th Conference on Human-computer Interaction with Mobile Devices and Services. Helsinki, Finland: ACM, 2006, 203-210.

[74] BALAKRISHNAN V, YEOW P H P. A study of the effect of thumb sizes on mobile phone texting satisfaction[J]. Journal of Usability Studies, 2008, 3(3): 118-128.

[75] REN X, ZHOU X. The optimal size of handwriting character input boxes on PDAs[J]. International Journal of Human-computer Interaction, 2009, 25(8): 762-784.

[76] HIROTAKA N. Reassessing current cell phone designs: using thumb input effectively[C]//CHI'03 Ex-

tended Abstracts on Human Factors in Computing Systems. Ft. Lauderdale, Florida, USA: ACM, 2003, 938-939.

[77] DOWNEY J E, ANDERSON J E. Form and position in handwriting interpretation. Part Ⅱ[J]. Journal of Educational Psychology, 1915, 6(6): 349-360.

[78] LIN Y T, HWANG S L, JENG S C, et al. Minimum ambient illumination requirement for legible electronic-paper display[J]. Displays, 2011, 32(1): 8-16.

[79] CAI D, CHI C F, YOU M. The legibility threshold of Chinese characters in three-type styles[J]. International Journal of Industrial Ergonomics, 2001, 27(1): 9-17.

[80] YEN N S, TSAI J L, CHEN P L, et al. Effects of typographic variables on eye-movement measures in reading Chinese from a screen[J]. Behaviour & Information Technology, 2011, 30(6): 797-808.

[81] HAYES E B. The relationship between Chinese character complexity and character recognition[J]. Journal of the Chinese Language Teachers Association, 1987, 22(2): 45-57.

[82] MORASSO P, BARBERIS L, PAGLIANO S, et al. Recognition experiments of cursive dynamic handwriting with self-organizing networks[J]. Pattern Recognition, 1993, 26(3): 451-460.

[83] CONEY J. The effect of complexity upon hemispheric specialization for reading Chinese characters[J]. Neuropsychologia, 1998, 36(2): 149-153.

[84] KATO N, SUZUKI M, OMACHI S, et al. A handwritten character recognition system using directional element feature and asymmetric Mahalanobis distance[J]. Pattern Analysis and Machine Intelligence, IEEE Transactions on, 1999, 21(3): 258-262.

[85] 中华人民共和国教育部国家语言文字工作委员会. 现代常用独体字规范:GF 0013—2009[S]. 北京: 语文出版社, 2009.

[86] 刘靖年. 汉字结构研究[D]. 长春:吉林大学,2011.

[87] 中华人民共和国教育部国家语言文字工作委员会. 信息处理用 GB 13000.1 字符集汉字部件规范: GF 3001—1997[S]. 北京: 语文出版社,1997.

[88] 中华人民共和国教育部国家语言文字工作委员会. 汉字部首表: GF 0011—2009[S]. 北京: 语文出版社, 2009.

[89] LONG T, JIN L. A novel orientation free method for online unconstrained cursive handwritten Chinese word recognition[C]//19th International Conference on Pattern Recognition. IEEE, 2008: 1-4.

[90] BEECH J R, MACKINTOSH I C. Do differences in sex hormones affect handwriting style? Evidence from digit ratio and sex role identity as determinants of the sex of handwriting[J]. Personality and Individual Differences, 2005,39(2): 459-468.

[91] ELDRIDGE M A, NIMMO-SMITH I, WING A M, et al. The variability of selected features in cursive handwriting: categorical measures[J]. Journal of the Forensic Science Society, 1984, 24(3): 179-219.

[92] KAO H S R. Shufa: Chinese calligraphic handwriting (CCH) for health and behavioural therapy[J]. International Journal of Psychology, 2006, 41(4): 282-286.

[93] FU H C, CHANG H Y, XU Y Y, et al. User adaptive handwriting recognition by self-growing probabilistic decision-based neural networks[J]. Neural Networks, IEEE Transactions on, 2000, 11(6): 1373-1384.

[94] FAABORG A J. Using neural networks to create an adaptive character recognition system[D]. Ithaca: Cornell University, 2002.

[95] HUANG D L, PATRICK RAU P L, LIU Y. Effects of font size, display resolution and task type on reading Chinese fonts from mobile devices[J]. International Journal of Industrial Ergonomics, 2009, 39(1): 81-89.

[96] KARLSDOTTIR R, STEFANSSON T. Problems in developing functional handwriting (Monograph Supplement 1-V94)[J]. Perceptual and Motor Skills, 2002, 94(2): 623-662.

[97] WANG Q F, YIN F, LIU C L. Integrating Language Model in Handwritten Chinese Text Recognition [C]//International Conference on Document Analysis and Recognition. IEEE, 2009: 1036-1040.

[98] ZOU Y, YU K, WANG K. Continuous Chinese handwriting recognition with language model[C]//11th International Conference on Frontiers in Handwriting Recognition. 2008: 344-348.

[99] PARK Y S, HAN S H. Touch key design for one-handed thumb interaction with a mobile phone: Effects of touch key size and touch key location[J]. International Journal of Industrial Ergonomics, 2010, 40(1): 68-76.

[100] TU H, REN X. Optimal entry size of handwritten Chinese characters in touch-based mobile phones[J]. International Journal of Human-computer Interaction, 2012, 29(1): 1-12.

[101] MIZOBUCHI S, MORI K, REN X, et al. An empirical study of the minimum required size and the minimum number of targets for pen input on the small display[C]//Human Computer Interaction with Mobile Devices. Berlin: Springer Berlin Heidelberg, 2002: 184-194.

[102] CHAN A, LEE P. Effects of different task factors on speed and preferences in Chinese handwriting[J]. Ergonomics, 2005, 48(1): 38-54.

[103] DJIOUA M, PLAMONDON R. Studying the variability of handwriting patterns using the Kinematic Theory[J]. Human Movement Science, 2009, 28(5): 588-601.

[104] PHILLIPS J G, OGEIL R P, BEST C. Motor constancy and the upsizing of handwriting[J]. Human Movement Science, 2009, 28(5): 578-587.

[105] BENKO H, WILSON A D, BAUDISCH P. Precise selection techniques for multi-touch screens[C]//Proceedings of the 2006 Conference on Human Factors in Computing Systems. Montréal, Québec, Canada: ACM, 2006: 1263-1272(2006).

[106] WANG A H, CHEN C H. Effects of screen type, Chinese typography, text/background color combination, speed, and jump length for VDT leading display on users' reading performance[J]. International Journal of Industrial Ergonomics, 2003,31(4): 249-261.

[107] HUANG Z, DING K, JIN L, et al. Writer adaptive online handwriting recognition using incremental linear discriminant analysis [C]//International Conference on Document Analysis and Recognition. IEEE, 2009: 91-95.

[108] CHAN A H S, TSANG S N H, NG A W Y. Effects of line length, line spacing, and line number on proofreading performance and scrolling of Chinese text[J]. Human Factors, 2014, 56(3): 521-534.

[109] KARAM M, RUSSO F, BRANJE C et al. Towards a model human cochlea: sensory substitution for crossmodal audio-tactile displays[C]//Graphics Interface Conference. Windsor, Ontario, Canada: Canadian Information Processing Society, 2008: 267-274.

[110] LEE S, ZHAI S. The performance of touch screen soft buttons[C]//Proceedings of the 27th International Conference on Human Factors in Computing Systems. Boston, MA, USA: ACM, 2009: 309-318.

[111] NANAYAKKARA S, TAYLOR E, WYSE L, et al. An enhanced musical experience for the deaf: design and evaluation of a music display and a haptic chair[C]//International Conference on Human Factors in Computing Systems. Boston, MA, USA: ACM, 2009: 337-346.

[112] CHAN L W, KAO H S, CHEN M Y, et al. Touching the void: direct-touch interaction for intangible displays[C]//International Conference on Human Factors in Computing Systems. Atlanta, Georgia, USA: ACM, 2010: 2625-2634.

[113] 中华人民共和国教育部国家语言文字工作委员会. 现代汉语常用字表[S]. 北京：语文出版社，1988.

[114] 国家语言文字工作委员会与中华人民共和国新闻出版总署. 现代汉语通用字表[S]. 北京：语文出版社，1988.

[115] HART S G. Nasa-task load index (NASA-TLX); 20 years later[J]. Proceedings of the Human Factors and Ergonomics Society Annual Meeting, 2006, 50(9): 904-908.

[116] HART S G, STAVELAND L E. Development of NASA-TLX (Task Load Index): results of empirical and theoretical research[J]. Human Mental Workload, 1988, 1(3): 139-183.

[117] SMITH R, BREUEL T, MEZHIROV I. tesseract-ocr[EB/OL]. (2011). https://github.com/tesseract-ocr/tesseract.

[118] RAIBERT M H. Motor control and learning by the state space model[J]. Massachusetts Institute of Technology, 1977.

[119] HOFSTEDE G, HOFSTEDE G J, MINKOV M. Cultures and organizations[M]. New York: McGraw-Hill City, 1997.

[120] LOWE A C T, CORKINDALE D R. Differences in "cultural values" and theireffects on responses to marketing stimuli: A cross-cultural study between Australians and Chinese from the People's Republic of China[J]. European Journal of Marketing, 1998, 32(9/10): 843-867.

[121] HE Z, YOU X, TANG Y Y. Writer identification of Chinese handwriting documents using hidden Markov tree model[J]. Pattern Recognition, 2008, 41(4): 1295-1307.

[122] HE Z Y, TANG Y Y. Chinese handwriting-based writer identification by texture analysis[C]//Proceedings of 2004 International Conference on Manchine Learning and Cybernetics. IEEE, 2004: 3488-3491.

[123] ZINNIA. Online hand recognition system with machine learning[EB/OL](2013). http://zinnia.sourceforge.net/index.html.

[124] 周佳. 高龄用户的认知因素对智能手持设备界面设计的影响研究[D]. 北京:清华大学,2013.